几类非线性椭圆方程规范解的性质

郭合林 / 著

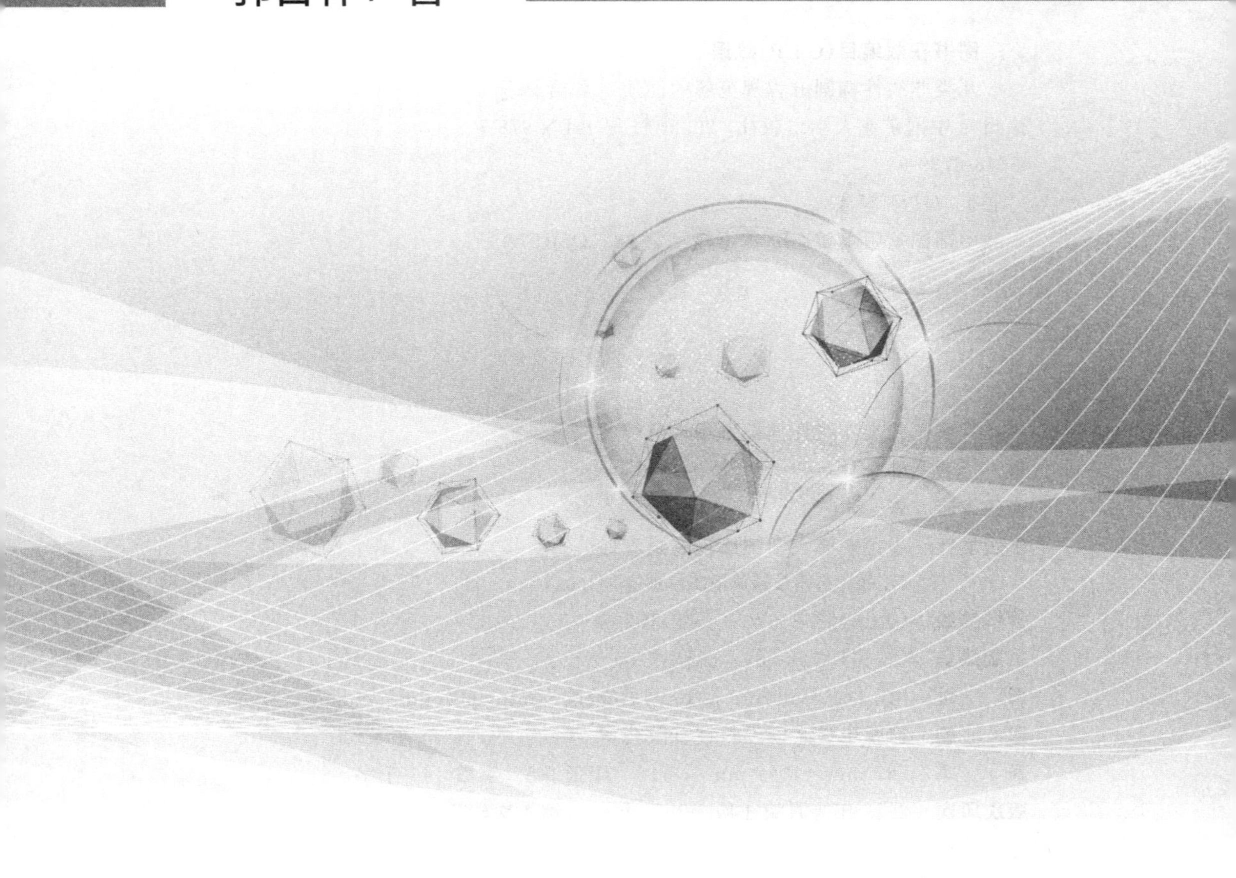

中国矿业大学出版社
· 徐州 ·

内 容 提 要

非线性方程规范解的研究是近些年来非线性领域中比较热点的问题。力学、光学以及生物系统等领域的数学模型中有许多含非局部项的非线性方程。本书运用变分方法、椭圆正则性理论以及极大值原理，结合非线性分析中的能量估计方法和爆破分析技巧，研究了几类含非线性椭圆方程规范解的性质。具体来讲，对于不同条件下的位势函数以及方程中参数的不同变化行为，分析了非线性椭圆方程规范解的存在性、集中性及局部唯一性结果。

本书将为非线性椭圆偏微分方程领域的研究生和相关领域的学者提供前沿的学术研究方法和理论知识。

图书在版编目(CIP)数据

几类非线性椭圆方程规范解的性质 / 郭合林著. 徐州 ：中国矿业大学出版社，2025. 4. — ISBN 978-7-5646-6739-9

Ⅰ. O175.25

中国国家版本馆 CIP 数据核字第 2025QQ1578 号

书　　名 几类非线性椭圆方程规范解的性质

著　　者 郭合林

责任编辑 张　岩

出版发行 中国矿业大学出版社有限责任公司

（江苏省徐州市解放南路　邮编 221008）

营销热线 （0516)83885370　83884103

出版服务 （0516)83995789　83884920

网　　址 http://www.cumtp.com　**E-mail**:cumtpvip@cumtp.com

印　　刷 徐州中矿大印发科技有限公司

开　　本 787 mm×1092 mm　1/16　**印张** 9.5　**字数** 146 千字

版次印次 2025 年 4 月第 1 版　2025 年 4 月第 1 次印刷

定　　价 41.00 元

（图书出现印装质量问题，本社负责调换）

前　言

本书运用变分方法研究了几类非线性椭圆型方程所对应的能量泛函的 L^2 约束极小化问题, 内容涉及极小可达元的存在性、非存在性及其集中行为等.

考虑下面的非线性椭圆型方程 L^2 范数约束解的存在性问题:

$$-\left(a+b\int_{\mathbb{R}^N}|\nabla u|^2\mathrm{d}x\right)\triangle u+V(x)u=\beta|u|^pu+\lambda u,\ \ x\in\mathbb{R}^N, \tag{1}$$

其中参数 a,b,β 为正常数, 位势函数 $V(x)\geq 0$, $\int_{\mathbb{R}^N}u^2\mathrm{d}x=1$. 由拉格朗日乘子原理(见本书第 2 章中的引理 2.2.2) 知, 得到方程 (1) 的 L^2 范数约束解的问题, 等价于研究下面方程 (1) 所对应的约束极小化问题:

$$d_\beta(p):=\left\{E_p^\beta(u):u\in\mathcal{H}\text{ 且 }\int_{\mathbb{R}^N}u^2\mathrm{d}x=1\right\}, \tag{2}$$

其中 $\mathcal{H}$ 为适当的函数空间, 能量泛函 $E_p^\beta(\cdot)$ 定义为

$$\begin{aligned}E_p^\beta(u)=&\frac{a}{2}\int_{\mathbb{R}^N}|\nabla u|^2\mathrm{d}x+\frac{b}{4}\left(\int_{\mathbb{R}^N}|\nabla u|^2\mathrm{d}x\right)^2+\frac{1}{2}\int_{\mathbb{R}^N}V(x)u^2\mathrm{d}x\\&-\frac{\beta}{p+2}\int_{\mathbb{R}^N}|u|^{p+2}\mathrm{d}x,\quad u\in\mathcal{H}.\end{aligned} \tag{3}$$

对于不同的参数 a,b,β,p 以及位势函数 $V(x)$, 本书分 7 章对极小化问题 (2) 分别进行了讨论.

在第 1 章, 本书主要给出了几类非线性椭圆方程相关的研究背景、发展现状以及主要的结构安排. 在第 2 章, 本书主要介绍了一些常用的预备知识.

在第 3 章, 本书对于问题 (2) 考虑了 $a > 0, b > 0, \beta > 0$ 以及空间维数 $N \leq 4$ 的情形. 首先当问题 (2) 中的位势函数 $V(x) \equiv 0$ 时, 证明了存在一个参数 β 的临界值 $\beta_p \geq 0$, 使得该值为问题 (2) 极小可达元存在和非存在的临界阈值. 其次, 当位势函数 $V(x) \geq 0$ 且 $V(x) \not\equiv 0$ 时, 对于给定的不同参数 $\beta > 0$ 以及 $p \in (0, \frac{8}{N}]$, 证明了问题 (2) 极小可达元存在性和非存在性的结果. 并且在弄清问题 (2) 极小可达元存在性的前提下, 对于固定的参数 $\beta > 0$, 进一步考虑了当指标 p 靠近临界指标 $\frac{8}{N}$ 时极小可达元的渐近行为. 在问题 (1) 中, 若令 $b = 0$, 则问题 (1) 就退化为和 Bose-Einstein 凝聚相关的 Gross-Pitaevskii (GP)方程. 对于 $b = 0$ 的情形, 本书作者与其合作者对问题 (2) 进行了大量的研究, 证明了问题 (2) 极小可达元存在性和非存在性结果, 并且对于具有不同形状零点集的位势函数 $V(x)$, 考虑了当参数 β 靠近临界值时问题 (2) 极小可达元的集中行为, 并给出了极小能量 $d_\beta(p)$ 的精确估计. 进一步, 对于具有多项式形式的位势函数 $V(x)$, 作者考虑了参数 β 靠近临界值时问题 (2) 极小可达元的局部唯一性结果. 对于 $b > 0$ 的情形, 证明了问题 (2) 极小可达元的存在性和非存在性结果.

在问题 (2) 极小可达元存在性的基础上, 第 4 章进一步研究了对于满足的多项式形式的位势函数 $V(x)$, 当参数 $b > 0$ 靠近 0 时, 问题 (2) 极小可达元的集中行为结果.

在第 5 章中对问题 (2) 考虑了 $b = 0$ 时的情形. 在该情形下, 对于给定的零点集为椭圆形的位势函数 $V(x)$, 证明了当 β 靠近临界门槛值时, 问题 (2) 的极小可达元在位势函数 $V(x)$ 零点集的长轴端点处集中.

在第 6 章中考虑了参数 $a = 0$ 的情形. 分析了问题 (2)在该情形下, 当参数 β 靠近临界门槛值时极小可达元的集中行为结果.

在第 3 章和第 4 章结果的基础之上, 对于具有多项式形式的位势函数 $V(x)$, 在第 7 章中考虑了参数 a, b 同时趋于 0 时, 问题 (2) 极小可达元的集中行为及局部唯一性结果.

本书中的所有研究结果均来自作者已经发表的学术论文, 其中包括作者攻读博士学位期间、博士后期间以及工作以来的研究成果. 本书的部分研究工作得到了国家自然科学基金和山西省基础研究计划项目的支持. 本书能够顺利出版, 感谢我的家人一直以来提供的支持和不断的鼓励, 同时, 感谢周围朋友、同事等提供的无私帮助!

由于作者水平有限,加之撰写时间仓促, 书中内容难免有疏漏和不足之处, 敬请各位读者批评指正.

郭合林

2024年9月

于山西太原

目　录

第1章 绪论

1.1 研究背景和发展现状

1883年, Kirchhoff 提出了如下方程:

$$u_{tt}-\left(a+b\int_{\Omega}|\nabla u|^{2}\mathrm{d}x\right)\triangle u=g(x,u), \tag{1.1.1}$$

该方程推广了经典 D'Alembert 波方程, 描述了弹性绳的自由振动, 并且考虑了弹性绳横向振动弦的长度变化. 早期, Bernstein(1940) 和 Pohozaev(1975) 分别对方程 (1.1.1) 进行了研究, 并得到了一些解的相关结果. 1978 年, 自 Lions(1978) 提出处理方程 (1.1.1) 的理论框架后, 该方程开始引起了众多学者的关注, 如文献 [2, 10, 16] 等.

若在方程 (1.1.1) 中不考虑时间 t 的变化, 则方程 (1.1.1) 就退化为下面稳态的椭圆型 Kirchhoff 方程:

$$\begin{cases}-\left(a+b\int_{\Omega}|\nabla u|^{2}\mathrm{d}x\right)\triangle u=f(x,u), & x\in\Omega,\\ u=0, & x\in\partial\Omega,\end{cases} \tag{1.1.2}$$

其中参数 a,b 为正常数, Ω 为 $\mathbb{R}^N$ 中的有界区域, N 为空间维数. 近十几年来, 椭圆型方程 (1.1.2) 受到了国内外众多研究学者的广泛关注, 并产生了许多关于解的存在性、多重性等结果.

事实上, 方程 (1.1.2) 具有变分结构, 其弱解即是对应能量泛函 $E(\cdot)$ 的临界点, 其中能量泛函 $E(\cdot)$ 定义为

$$E(u)=\frac{a}{2}\int_{\Omega}|\nabla u|^2\mathrm{d}x+\frac{b}{4}\left(\int_{\Omega}|\nabla u|^2\mathrm{d}x\right)^2-\int_{\Omega}F(x,u)\mathrm{d}x,\ u\in\ H_0^1(\Omega).$$

处理类似方程 (1.1.2) 这样的非线性问题最有效的方法是变分方法. 变分方法这一分支学科起源于 1696 年 Johann Bernoulli 在《教师学报》上公开提出的最速降线问题, 自此以后, 利用变分的方法解决非线性问题的思想开始形成, 并且产生了很多经典的理论, 如 Morse 理论 (Morse, 1939) 、指标理论 (Coffman, 1969; Krasnosel'skii et al., 1984) 等经典方法. 用变分的方法求解非线性问题, 往往是将非线性问题转化为求解其对应变分泛函的极值点. 然而大部分情形下, 非线性问题的解并不一定是其对应的变分泛函的极值点, 而是对应变分泛函的临界点. 因此, 对于求解非线性问题, 就进一步发展出了一套新的理论, 即临界点理论, 如山路定理 (Ambrosetti et al., 1973)、喷泉定理 (Willem, 1996) 等经典理论.

近些年来, 众多研究学者运用上述的变分方法和临界点理论来研究椭圆型方程 (1.1.2). 如 Zhang 等(2006)在文中对方程 (1.1.2) 进行了研究, 其中非线性项 $f(x,t)$ 满足下面的超 4 次条件:

$$\text{对充分大的 } t,\ \exists\,\nu>4 \text{ 使得 } \nu F(x,t)\le tf(x,t), \tag{1.1.3}$$

其中 $F(x,t)=\int_0^t f(x,t)$. 利用下降流不变集的方法(Sun,1984), 作者证明了方程 (1.1.2) 在空间 $H_0^1(\Omega)$ 中变号解的存在性, 并且若非线性项 $f(x,t)$ 为渐近 4 次, 即满足

$$\lim_{|t|\to\infty}\frac{f(x,t)}{bt^3}=\mu,\ \lim_{t\to 0}\frac{f(x,t)}{at}=\lambda \text{ 关于 } x\in\Omega \text{ 一致成立}. \tag{1.1.4}$$

Perera 等(2006)还在文中运用 Yang 指标理论(Yang,1954) 证明了方程 (1.1.2) 在空间 $H_0^1(\Omega)$ 中非平凡解的存在性.

此外, Mao 等(2009)在文中进一步将条件 (1.1.3) 弱化为下面的更一般的条件:

(F_1) 当 $|t|\to\infty$ 时, 对任意的 $x\in\Omega$, 一致有 $\widetilde{F}(x,t)\to\infty$, 且存在 $\theta>\max\{1,\frac{N}{2}\}$, 使得当 $|t|$ 充分大时, $|f(x,t)|^\theta\le C\widetilde{F}(x,t)|t|^\theta$, 其中 $\widetilde{F}(x,t)=\frac{1}{4}f(x,t)t-F(x,t)$.

在条件 (F_1) 的假设下, 利用对称性山路引理(Schechter,1991)和下降流不变集的方法, Mao 等(2009)证明了方程 (1.1.2) 在空间 $H_0^1(\Omega)$ 中多解的存在性, 其中包括正解、负解以及变号解.

关于方程 (1.1.2), 除了解的存在性, 人们关心另外一个问题, 即得到的解是不是基态解(最低能量解). 近期, Shuai (2015)在文中讨论了方程 (1.1.2) 最低能量变号解存在性问题, 他对非线性项 f 有如下的假设:

$$\text{对于 } s\in\mathbb{R}\backslash\{0\},\ \frac{f(s)}{|s|^3}\ \text{关于 } s \text{ 是非增的函数.} \tag{1.1.5}$$

利用形变引理和拓扑度的方法, Shuai 得到了方程 (1.1.2) 在空间 $H_0^1(\Omega)$ 中最低能量变号解的存在性结果. 此外, Tang 等(2016)在文中进一步推广了文献 Shuai (2015)的结果, 他们在文中对非线性项 f 做出了如下更一般的假设:

(F_2) 对任意的 $t>0$ 和 $\tau\in\mathbb{R}\backslash\{0\}$, 存在 $\theta_0\in(0,1)$ 满足

$$\left[\frac{f(\tau)}{\tau^3}-\frac{f(t\tau)}{(t\tau)^3}\right]\mathrm{sign}(1-t)+\frac{a\theta_0\lambda_1|1-t^2|}{(t\tau^2)}\ge 0,$$

其中 λ_1 是 $(-\Delta,H_0^1(\Omega))$ 的第一特征值.

采用分析的巧计以及非 Nehari 流形的方法, 他们也得到了方程 (1.1.2) 在空间 $H_0^1(\Omega)$ 中最低能量变号解的存在性结果.

若将方程 (1.1.2) 中的有界区域 Ω 替换为全空间 $\mathbb{R}^N$, 其中 N 是空间维数, 则方程 (1.1.2) 就推广为下面的含非局部项的 Kirchhoff 型椭圆方程:

$$\begin{cases} -\left(a+b\int_{\mathbb{R}^N}|\nabla u|^2\mathrm{d}x\right)\Delta u+V(x)u=f(x,u), \quad x\in\mathbb{R}^N, \\ u(x)\in H^1(\mathbb{R}^N). \end{cases} \tag{1.1.6}$$

由临界点理论知, 方程 (1.1.6) 的解即是能量泛函 $\widetilde{E}(\cdot)$ 在 $H^1(\mathbb{R}^N)$中的临界点, 其中对任意的 $u\in H^1(\mathbb{R}^N)$,有

$$\widetilde{E}(u)=\frac{a}{2}\int_{\mathbb{R}^N}|\nabla u|^2\mathrm{d}x+\frac{b}{4}\left(\int_{\mathbb{R}^N}|\nabla u|^2\mathrm{d}x\right)^2+\frac{1}{2}\int_{\mathbb{R}^N}V(x)u^2\mathrm{d}x-\int_{\mathbb{R}^N}F(x,u)\mathrm{d}x.$$

当 Ω 为有界区域时, 对于方程 (1.1.2), 能量泛函 $E(\cdot)$ 的工作空间 $H_0^1(\Omega)\hookrightarrow L^p(\Omega)(2\le p<2^*)$ 是紧嵌入, 这在验证 (PS) 条件满足时起到非常关键的作用. 然而对于方程 (1.1.6), 因为能量泛函 $\widetilde{E}(\cdot)$ 的工作空间 $H^1(\mathbb{R}^N)\hookrightarrow L^p(\mathbb{R}^N)(2\le p<2^*)$ 是非紧的, 这对验证 (PS) 条件满足带来了很大的困难. 为了克服嵌入失紧的困难, Jin 等(2010)对位势函数 $V(x)$ 做了如下的假设:

$$V(x)\equiv C>0, \tag{1.1.7}$$

且非线性项 f 满足所谓的 A-R 条件, 即:

$$\text{对于 }\forall\,(x,u)\in\mathbb{R}^N\times\mathbb{R},\ \text{存在 }\mu>4\text{ 满足 }\mu F(x,u)\le uf(x,u). \tag{1.1.8}$$

通过对非线性项 f 做适当的旋转不变性假设, 并且选取工作空间为

$$E=H^1_{O(N)}(\mathbb{R}^N):=\{u\in H^1(\mathbb{R}^N)|gu(x):=u(g^{-1}x)=u(x),\ \forall g\in O(N)\}.$$

Jin 等(2010)利用喷泉定理证明了方程 (1.1.6) 在E 中无穷多解的存在性. 此外, 若位势函数 $V(x)$ 不恒为常数时, 通过假设 $V(x)=V(|x|)$ 以及

$f(x,u) = Q(|x|)f(u)$, 使用类似于文献 Jin 等(2010)的方法, Nie 等(2012)也得到了类似的结果.

在 Jin 等(2010)的方法和 Nie 等(2012)的研究中, 一个非常关键的条件是位势函数 $V(x)$ 是径向对称的以及非线性项 f 在旋转作用下是不变的, 这样可以保证能量泛函的工作空间 E 可以紧嵌入到空间 $L^p(\mathbb{R}^N)(2 < p < 2^*)$ 中. 然而当位势函数 $V(x)$ 非径向对称时, 他们的方法则不可用. 得益于一个重要的紧嵌入定理(见本书第 2 章中的引理 2.2.1), Wu (2011)对位势函数 $V(x)$ 做了如下假设:

$$\inf_{x\in\mathbb{R}^N} V(x) > 0, \text{ 且对于任意的 } M > 0,\ meas\{x \in \mathbb{R}^N : V(x) \leq M\} < +\infty. \tag{1.1.9}$$

在条件 (1.1.9) 的假设下, 能量泛函 $\widetilde{E}(\cdot)$ 的工作空间即加权空间 $\mathcal{H}$ (见 (1.1.14) 式) 可以紧嵌入到空间 $L^p(\mathbb{R}^N)$ $(2 \leq p < 2^*)$ 中, 利用对称山路引理和喷泉定理, 作者证明了方程 (1.1.6) 在 $\mathcal{H}$ 中非平凡解以及无穷多解的存在性结果.

此外, Chen 等(2015)进一步将 (1.1.9) 式中的条件 $\inf_{x\in\mathbb{R}^N} V(x) > 0$ 减弱为

$$\inf_{x\in\mathbb{R}^N} V(x) > M, \text{ 其中 } M \in \mathbb{R},$$

运用局部环绕定理和喷泉定理, 他们得到了和 Wu (2011)类似的结果. 注意到此时 M 的符号没有限制, 也就是说位势函数 $V(x)$ 可以是变号的, 这在很大程度上改进了 Wu (2011)的结果.

在上述所列的所有结果中有一个共同点, 即要求非线性项 f 是次临界的. 然而当非线性项 f 为临界情形时, 情况则完全不同, 因为此时会面临工作空间嵌入非紧等一系列的困难. 关于非线性项为临界的情形, 目前也有不

少的结果, 如 He 等(2014)对非线性项 f 做了如下假设:

$$f(x,u)=f(u)+|u|^5,\ \text{其中}\ f(u)\sim|u|^{p-2}u,\ 4<p<6,\tag{1.1.10}$$

利用 Nehari 流形的方法, 作者在文中证明了方程 (1.1.6) 在 $H^1(\mathbb{R}^3)$ 中正的基态解的存在性结果. 更进一步, He 等(2015)将 (1.1.10) 式中的条件 $4<p<6$ 推广到了 $2<p\leq 4$ 的情形, 并得到和 He 等(2014)相类似的结果.

当非线性 f 为次线性时,研究成果可以参阅文献 [48, 70] 及其参考文献. 而关于方程 (1.1.6) 的更多研究结果, 可参阅文献 [3, 13, 18, 36, 46, 54, 74] 及其参考文献.

对于求解类似方程 (1.1.6) 这样的非线性问题, 除了常用的一般变分方法, 即求解方程 (1.1.6) 所对应能量泛函的临界点之外, 还有另外一种约束变分方法, 即求解方程 (1.1.6) 所对应能量泛函的在特定集合上的极小可达元. 目前采用约束变分方法来求解方程 (1.1.6) 已有一些相关的结果. 如文献 [29, 76] 研究了下面含非局部项的 Kirchhoff 型非线性椭圆方程的具有给定 L^2 范数的解的存在性, 即

$$-\left(a+b\int_{\mathbb{R}^N}|\nabla u|^2\mathrm{d}x\right)\triangle u+V(x)u=\beta|u|^p u+\lambda u,\quad x\in\mathbb{R}^N,\tag{1.1.11}$$

其中 $a>0, b\geq 0, V(x)\geq 0, \beta>0, p\in(0,2^*-2)$. 由拉格朗日乘子原理(见本书第 2 章中的引理 2.2.2)知, 求解方程 (1.1.11) 的具有给定 L^2 范数的解, 等价于研究如下的约束变分极小化问题:

$$d_\beta(p)=\inf_{u\in S_1}E_p^\beta(u),\tag{1.1.12}$$

其中能量泛函 $E_p^\beta(\cdot)$ 定义为

$$\begin{aligned}E_p^\beta(u)=&\frac{a}{2}\int_{\mathbb{R}^N}|\nabla u|^2\mathrm{d}x+\frac{b}{4}\left(\int_{\mathbb{R}^N}|\nabla u|^2\mathrm{d}x\right)^2+\frac{1}{2}\int_{\mathbb{R}^N}V(x)u^2\mathrm{d}x\\&-\frac{\beta}{p+2}\int_{\mathbb{R}^N}|u|^{p+2}\mathrm{d}x,\quad u\in\mathcal{H}.\end{aligned}\tag{1.1.13}$$

$\mathcal{H}$ 为能量泛函 $E_p^{\beta}(\cdot)$ 的工作空间, 定义如下:

$$\mathcal{H} \triangleq \left\{u \in H^1(\mathbb{R}^N) : \int_{\mathbb{R}^N} V(x)u^2 \mathrm{d}x < \infty\right\}, \tag{1.1.14}$$

$$\|u\|_{\mathcal{H}} = \left[\int_{\mathbb{R}_N} (|\nabla u|^2 + V(x)u^2)\mathrm{d}x\right]^{\frac{1}{2}}, \ u \in \mathcal{H},$$

$$S_1 = \left\{u \in \mathcal{H} : \int_{\mathbb{R}^N} |u|^2 \mathrm{d}x = 1\right\}. \tag{1.1.15}$$

当参数 $a > 0, b > 0$, 位势函数 $V(x) \equiv 0, \beta = 1, N \leq 3$ 时, 在问题 (1.1.12) 中令 $S_c(c > 0)$ 代替 S_1, 利用变分方法结合集中紧性引理 (Lions, 1984), Ye (2015) 证明了如下结果:

定理 1.1.1. 若 $0 < p < \frac{8}{N}$, 则存在 $c_* \geq 0$ 使得 $d_\beta(p)$ 可达(即问题 (1.1.12) 存在极小可达元) 的充要条件是 $c > c_*$ (当 $0 < p \leq \frac{4}{N}$) 或 $c \geq c_*$ (当 $\frac{4}{N} < p < \frac{8}{N}$), 其中

$$c_* = \begin{cases} 0, & \text{当} \quad 0 < p < \frac{4}{N}, \\ a^{\frac{N}{4}} \|Q\|_{L^2}, & \text{当} \quad p = \frac{4}{N}, \\ \inf\{c \in (0, +\infty) : I_{c^2} < 0\}, & \text{当} \quad \frac{4}{N} < p < \frac{8}{N}, \end{cases} \tag{1.1.16}$$

$Q(x)$ 为方程 (2.1.1) 的解.

对于参数 $a = 1, b = 0, N = 2$ 以及 $p = 2$, 若位势函数 $V(x)$ 满足条件 (1.2.7), 对于问题 (1.1.12), Guo 等(2014)证明了下面极小可达元存在性和非存在性的结果.

定理 1.1.2. 设 $Q(x)$ 是方程 (2.1.1) 的唯一径向对称正解, $V(x)$ 满足 (1.2.7)式, 则

(1) 若 $0 \leq \beta < \beta_* = \|Q\|_{L^2}^2$, 问题 (1.1.12) 存在极小可达元;

(2) 若 $\beta \geq \beta_*$, 问题 (1.1.12) 没有极小可达元.

此外, 当 $\beta < \beta_*$ 时, $d_\beta(2) > 0$; 当 $\beta = \beta_*$ 时, $d_\beta(2) = 0$;当 $\beta > \beta_*$ 时, $d_\beta(2) = -\infty$. 更进一步, $\lim_{\beta \nearrow \beta_*} d_\beta(2) = 0$.

此外, 对于给定的具有有限多个零点的多项式位势函数 $V(x)$, Guo 和 Seiringer (2014) 证明了问题 (1.1.12) 极小可达元在 β 靠近临界值 β_* 时在位势函数 $V(x)$ 最平坦的零点处集中, 并给出了极小可达元的精确爆破速率. 在文献 [29] 的基础上, 当位势函数 $V(x)$ 具有环形零点集时, Guo, Zeng 和 Zhou (2016) 在文中证明了问题 (1.1.12) 极小可达元在 β 靠近临界值 β_* 时在位势函数 $V(x)$ 环形零点集处集中.

基于上述结果, 本书的主要内容是研究方程 (1.1.11) 具有给定 L^2 范数为 1 的解的存在性及渐近行为, 即研究问题 (1.1.12) 具有给定 L^2 范数为 1 的极小可达元存在性及渐近行为. 在文献 [76] 中, 由于证明方法的局限性, 问题 (1.1.12) 极小可达元的存在性和非存在性结果只在空间维数 $N \leq 3$ 时成立, 并且对于范围 $\frac{4}{N} < p < \frac{8}{N}$, 文献 [76] 没有给出 c_* 的具体值. 通过证明方法上的改进, 本书克服了这一困难, 不仅将文献 [76] 的结果推广到了空间维数 $N \leq 4$, 而且对 $\frac{4}{N} < p < \frac{8}{N}$, 也给出了 c_* 的具体值. 另外, 对于问题 (1.1.12), 本书还将文献 [29] 中 $b = 0$ 时的相关结果推广到了 $b > 0$ 时的情形. 当 $b = 0$ 时, 对于问题 (1.1.12), 文献 [31] 考虑了具有环形零点集位势函数极小可达元的集中行为. 受该文献的启发, 本书将文献 [31] 中具有环形零点集的位势函数的结果推广到了具有椭圆形零点集的位势函数上, 并证明了问题 (1.1.12) 极小可达元当 β 靠近临界值时在位势函数椭圆形零点集的长轴端点处集中. 在参数 $b = 0$ 和 $b > 0$ 两种情形的结果上, 本书进一步研究了参数 $b > 0$ 靠近 0 时问题 (1.1.12) 极小可达元的渐近行为, 并给出了极小可达元的精确爆破速率. 此外, 本书还研究了双参数 $a > 0$, $b > 0$ 同时靠近 0 时问

题 (1.1.12) 极小可达元的渐近行为, 并证明 a, b 充分小时极小可达元的局部唯一性.

1.2 本书结构安排及主要结论

对于位势函数 $V(x) \equiv 0$, 本书在第 3 章中研究了问题 (1.1.12) 极小可达元存在性和非存在性.

主要结论如下:

定理 1.2.1. (见本书第 3 章定理 3.1.1) 如果 $V(x) \equiv 0$, $p \in (0, p^*]$, 且 $1 \le N \le 4$, 其中 $p^* = \frac{8}{N}$. 令

$$\widetilde{\beta}_p = \begin{cases} 0, & \text{当} 0 < p < \frac{4}{N}, \\ a\|\phi_p\|_{L^2}^{\frac{4}{N}}, & \text{当} p = \frac{4}{N}, \\ 2\|\phi_p\|_{L^2}^{p}\left(\frac{2a}{8-Np}\right)^{\frac{8-Np}{4}}\left(\frac{b}{Np-4}\right)^{\frac{Np-4}{4}}, & \text{当} \frac{4}{N} < p < p^* = \frac{8}{N}, \end{cases} \tag{1.2.1}$$

且

$$\widetilde{\beta}_{p^*} = \begin{cases} \frac{b}{2}\|\phi_{p^*}\|_{L^2}^{\frac{8}{N}}, & \text{若 } N \le 3,\ p = p^*, \\ bS^2, & \text{若 } N = 4,\ p = p^*, \end{cases} \tag{1.2.2}$$

其中 ϕ_p 是方程 (2.1.1)的唯一正解. 记

$$S = \inf_{u \in D^{1,2}(\mathbb{R}^4)} \frac{\|\nabla u\|_{L^2}^2}{\|u\|_{L^4}^2} > 0. \tag{1.2.3}$$

那么,

(i) 如果 $p \in (0, \frac{8}{N})$, 则问题 (1.1.12) 存在极小可达元当且仅当

$$\beta > \widetilde{\beta}_p \ (\text{若 } 0 < p \le \frac{4}{N}), \text{ 或者 } \beta \ge \widetilde{\beta}_p \ (\text{若 } \frac{4}{N} < p < \frac{8}{N}). \tag{1.2.4}$$

并且, 在条件 (1.2.4) 的前提下, 一定存在某个 $\lambda < 0$(拉格朗日乘子), 使得问题 (1.1.11) 存在正解 $u \in H^1(\mathbb{R}^N)$ 满足 $\|u\|_{L^2} = 1$.

(ii) 如果 $p = p^*(= \frac{8}{N})$, 则对于任意的 $\beta > 0$, 问题 (1.1.12) 不存在极小可达元.

定理 1.2.1 推广了定理 1.1.1 的结果, 并且定理 1.1.1 的证明方法不能直接用来证明定理 1.2.1. 在本书第 3 章, 利用 Schwarz 对称化的方法给出了定理 1.2.1 新的证明思路. 更进一步, 考虑了位势函数 $V(x) \geq 0$ 且 $V(x) \not\equiv 0$ 的情形, 即 $V(x)$ 满足

$$0 \not\equiv V(x) \in C(\mathbb{R}^N, \mathbb{R}^+), \lim_{|x|\to\infty} V(x) = \infty \text{ 且 } \inf_{x\in\mathbb{R}^N} V(x) = 0. \tag{1.2.5}$$

在条件 (1.2.5) 的假设下, 问题 (1.1.12) 极小可达元的存在性结果和位势函数 $V(x) \equiv 0$ 时完全不同. 一方面, $V(x) \geq 0$ 且 $V(x) \not\equiv 0$ 时的极小能量 $d_\beta(p)$ 和 $V(x) \equiv 0$ 时的极小能量值完全不同. 另一方面, 当 $V(x)$ 满足条件 (1.2.5) 时, 由第 2 章引理 2.2.1 知能量泛函 $E_p^\beta(\cdot)$ 的工作空间 $\mathcal{H} \hookrightarrow L^p(2 \leq p < 2^*)$ 是紧嵌入. 而当 $V(x) \equiv 0$ 时, 能量泛函 $E_p^\beta(\cdot)$ 的工作空间 $\mathcal{H} = H^1(\mathbb{R}^N)$, $H^1(\mathbb{R}^N) \hookrightarrow L^p(2 \leq p < 2^*)$ 是非紧的. 因此, 在条件 (1.2.5) 的假设下, 对于极小化问题 (1.1.12), 本书得到了下面的结果:

定理 1.2.2. (见本书第 3 章定理 3.1.2) 令 $0 < p < p^*$, $1 \leq N \leq 4$, 如果 $V(x)$ 满足条件 (1.2.5), 则对于任意给定的 $\beta > 0$, 问题 (1.1.12) 至少存在一个极小可达元.

在定理 1.2.2 中, $p^* = \frac{8}{N}$ 我们称为质量临界指标, 并且当 $N = 4$ 时, 质量临界指标等于经典的 Sobolev 临界指标, 即 $p^* = 2^*$, 这时必须面对空间 $\mathcal{H} \hookrightarrow L^{2^*}(\mathbb{R}^4)$ 非紧的问题. 由于上述原因, 当 $p = p^*$ 时, 考虑了下面 $N \leq 3$ 时的结果.

定理 1.2.3. (见本书第 3 章定理 3.1.3) 若 $1 \leq N \leq 3$, 位势 $V(x)$ 满足条件 (1.2.5), 则对于 $p = p^*$ 有

(i) 如果 $0 < \beta \leq \beta_{p^*} \triangleq \frac{b}{2}\|\phi_{p^*}\|_{L^2}^{p^*}$, 那么 $d_\beta(p^*) > 0$, 且问题 (1.1.12) 至少存在一个极小可达元.

(ii) 如果 $\beta > \beta_{p^*}$, 那么 $d_\beta(p^*) = -\infty$, 且问题 (1.1.12) 不存在极小可达元.

其中 ϕ_{p^*} 为方程 (2.1.1)的解.

定理 1.2.2 告诉我们, 当 $p < p^*$ 时, 问题 (1.1.12) 对任意的 $\beta > 0$ 均有极小可达元. 而定理 1.2.3 则表明, 对于 $p = p^*$ 的情形, 问题 (1.1.12) 不是对任意的 $\beta > 0$ 均有极小可达元, 只有在 $\beta \in (0, \beta_{p^*}]$ 时极小化问题 (1.1.12) 才可达. 从而一个很自然而有趣的问题是: 对任意的 $p < p^*$, 记定理 1.2.2 在 $\beta < \beta_{p^*}$ 时得到极小可达元为 u_p, 那么当指标 p 由次质量临界($p < p^*$) 靠近质量临界指标 $p = p^*$ 时, u_p 是否能收敛到定理 1.2.3 (i) 对应的极小可达元? 定理 1.2.2 在 $\beta > \beta_{p^*}$ 时得到极小可达元在 $p \nearrow p^*$ 时又会有怎样的渐近行为? 下面针对参数 β 的取值范围, 本书分别给出了答案.

定理 1.2.4. (见本书第 3 章定理 3.1.4) 对任意给定的 $\beta \in (0, \beta_{p^*})$, $1 \leq N \leq 3$, 若位势 $V(x)$ 满足条件 (1.2.5), 且当 $p \in (0, p^*)$ 时, 设 u_p为问题 (1.1.12) 的任意非负极小可达元, 那么存在 $\{u_p\}$ 的一个子序列(不妨仍记为 $\{u_p\}$), 使得对于某个 $u_0 \in \mathcal{H}$, 有

$$\text{当 } p \nearrow p^* \text{时}, d_\beta(p) \to d_\beta(p^*) \text{ 且 } u_p \to u_0 \text{ 在 } \mathcal{H} \text{ 中强收敛}.$$

此外, $u_0 \in S_1$ 是 $d_\beta(p^*)$ 的极小可达元.

对于 $p = p^*$, 因为 $\beta \in (0, \beta_{p^*})$ 时问题 (1.1.12) 本身存在极小可达元, 所以定理 1.2.4 是一个很自然的结果. 然而当 $\beta > \beta_{p^*}$ 时, 问题 (1.1.12) 不存在

极小可达元, 在这种情形下, 本书得到了下面问题 (1.1.12) 的极小可达元在 $p \nearrow p^*$ 时的渐近行为.

定理 1.2.5. (见本书第 3 章定理 3.1.5) 对于任意给定的 $\beta > \beta_{p^*}$ 和 $1 \leq N \leq 3$, 若位势函数 $V(x)$ 满足条件 (1.2.5), 对任意的 $p \in (0, p^*)$, 设 u_p 为问题 (1.1.12) 的任意非负极小可达元, 则当 $p \nearrow p^*$ 时, 对于任意序列 $\{u_p\} \subset H^1(\mathbb{R}^N)$, 存在一个序列 $\{y_{\epsilon_p}\} \subset \mathbb{R}^N$ 和 $y_0 \in \mathbb{R}^N$ 使得

$$\lim_{p \nearrow p^*} \epsilon_p^{\frac{N}{2}} u_p(\epsilon_p x + \epsilon_p y_{\epsilon_p}) = \frac{1}{\|\phi_{p^*}\|_{L^2}} \phi_{p^*}(|x - y_0|) \text{ 在 } H^1(\mathbb{R}^N) \text{中成立},$$

其中

$$\text{当 } p \nearrow p^* \text{时, } \epsilon_p = \left(\frac{\beta p}{\beta_p p^*}\right)^{-\frac{p^*}{4(p^*-p)}} \to 0.$$

此外, 当 $p \nearrow p^*$ 时, $\{y_{\epsilon_p}\}$ 满足 $\epsilon_p y_{\epsilon_p} \to z_0$, 且 z_0 是位势 $V(x)$ 的全局极小值点, 即 $V(z_0) = 0$.

对于 $\beta > \beta_{p^*}$ 这种情形, 当 p 由次质量临界($p < p^*$)靠近临界指标 p^* 时, 定理 1.2.5 给出了问题 (1.1.12) 极小可达元的渐近行为, 并且给出了精确的爆破速率. 然而对于 $\beta = \beta_{p^*}$ 这种情形, 由于技术上的困难, 目前还没有办法处理这种情形下问题 (1.1.12) 极小可达元的渐近行为.

本书第 4 章进一步考虑了次质量临界情形下的约束变分极小化问题:

$$e(b) := \inf_{\{u \in \mathcal{H} : \int_{\mathbb{R}^2} |u|^2 \mathrm{d}x = 1\}} E_b(u), \tag{1.2.6}$$

其中工作空间 $\mathcal{H}$ 由 (1.1.14)式定义, 能量泛函 $E_b(\cdot)$ 定义为

$$E_b(u) = \frac{1}{2}\int_{\mathbb{R}^2} |\nabla u|^2 \mathrm{d}x + \frac{b}{4}\left(\int_{\mathbb{R}^2} |\nabla u|^2 \mathrm{d}x\right)^2 + \frac{1}{2}\int_{\mathbb{R}^2} V(x) u^2 \mathrm{d}x - \frac{\beta}{p+2}\int_{\mathbb{R}^2} |u|^{p+2} \mathrm{d}x, \quad u \in \mathcal{H}.$$

位势函数 $V(x)$ 满足

$$V(x) \in L^{\infty}_{loc}(\mathbb{R}^2, \mathbb{R}^+), \ \lim_{|x|\to\infty} V(x) = +\infty, \text{ 且 } \inf_{x\in\mathbb{R}^2} V(x) = 0. \tag{1.2.7}$$

对于 $b > 0$ 以及 $p \in (0, 2]$, 定理 1.2.2 告诉我们对任意给定的 $\beta > 0$, 问题 (1.2.6) 总是存在极小可达元;当 $b = 0$ 时, 定理 1.1.2 告诉我们, 当 $p = 2$ 时, 对任意的 $\beta \in (0, \beta_*)$, 问题 (1.2.6) 有极小可达元, 当 $\beta > \beta_*$ 时, 问题 (1.2.6) 没有极小可达元. 一个很有趣的问题是当参数 b 由 $b > 0$ 靠近 $b = 0$ 时, 问题 (1.2.6) 极小可达元会有怎么样的渐近行为? 为了清楚地与文献 [29] 的结果进行比较, 本书考虑了空间维数 $N = 2$ 的情形, 并且对于不同的参数 β 和 p, 分别给出了问题 (1.2.6) 极小可达元在 $b \searrow 0$ 时的渐近行为.

定理 1.2.6. (见本书第 4 章定理 4.1.1) 令 $p \in (0, 2)$, $\beta > 0$ 或者 $p = 2$, $\beta \in (0, \beta_*)$, 若位势函数 $V(x)$ 满足条件 (1.2.7), 对任意给定的 $b > 0$, 设 u_b 是问题 (1.2.6) 相应的非负极小可达元, 则对于满足当 $k \to +\infty$ 时, $b_k \searrow 0$ 的任意序列 $\{b_k\}$, 存在一个子列(不妨仍记为 $\{b_k\}$), 使得当 $k \to +\infty$ 时, 有

$$u_{b_k} \to u_0 \text{ 在 } \mathcal{H} \text{ 中强收敛, 且 } e(b_k) \to e(0).$$

更进一步, u_0 是 $e(0)$ 的非负极小可达元.

因为当 $b \geq 0$ 时, 问题 (1.2.6) 对于定理 1.2.6 中给定的条件总是存在极小可达元, 从而定理 1.2.6 是一个非常自然的结果. 而对于 $p = 2$ 和 $\beta = \beta_*$ 这种情形, 因为当 $b = 0$ 时, 根据定理 1.1.2 知问题 (1.2.6) 不存在极小可达元. 而当 $b > 0$ 时, 由定理 1.2.2 知问题 (1.2.6) 存在极小可达元. 那么在这种情形下, 当 b 从大于 0 的一方靠近 0 时, 问题 (1.2.6) 极小可达元将会有怎样的渐近状态? 本书首先对于满足一般条件的位势函数 $V(x)$, 得到了下面的结果.

定理 1.2.7. (见本书第 4 章定理 4.1.2) 若 $V(x)$ 满足对某个 $\alpha \in (0,1)$, $V(x) \in C^{\alpha}_{loc}(\mathbb{R}^2,\ \mathbb{R}^+)$, $\lim_{|x|\to\infty} V(x) = \infty$ 且 $\inf_{x\in\mathbb{R}^2} V(x) = 0$. 令 $p = 2$, $\beta = \beta_*$, 对任意给定的 $b > 0$, 设 u_b 是问题 (1.2.6) 相应的非负极小可达元, 则

$$\text{当 } b \searrow 0 \text{ 时, } 0 < e(b) \to e(0) = 0,$$

且对于满足当 $k \to +\infty$ 时, $b_k \searrow 0$ 的任意序列 $\{b_k\}$, 存在一个子列(不妨仍记为 $\{b_k\}$), 使得 u_{b_k} 有唯一的全局最大值点, 记为 z_{b_k}, 且

$$\lim_{k\to+\infty} \epsilon_{b_k} u_{b_k}(\epsilon_{b_k} x + z_{b_k}) = \frac{Q(x)}{\|Q\|_{L^2}} \text{ 在 } H^1(\mathbb{R}^2) \text{ 中成立}, \tag{1.2.8}$$

其中 $Q(x)$ 为方程 (2.1.1) 的解, 以及

$$\text{当 } k \to \infty \text{ 时, } \epsilon_{b_k} = \left(\int_{\mathbb{R}^2} |\nabla u_{b_k}|^2 \mathrm{d}x\right)^{-\frac{1}{2}} \to 0. \tag{1.2.9}$$

此外, 当 $k \to +\infty$ 时, $z_{b_k} \to z_0$, 其中 z_0 是位势函数 $V(x)$ 的全局极小值点, 即 $V(z_0) = 0$.

定理 1.2.7 说明当参数 b 从大于 0 的一方靠近 0 时, 问题 (1.2.6) 的极小可达元存在唯一的全局最大值点, 并且全局最大值点在位势函数 $V(x)$ 的全局最小值点处集中. 但是若位势函数有多个全局最小值点, 要确定达到元的集中位置, 需知道 $V(x)$ 最小值点更多的信息, 为此本书考虑了下面多项式形式的位势函数:

$$V(x) = h(x)\prod_{i=1}^{n} |x - x_i|^{q_i}, \quad \text{对所有 } x \in \mathbb{R}^2,\ C < h(x) < \frac{1}{C}, \tag{1.2.10}$$

其中若 $i \neq j$, $x_i \neq x_j$, $C > 0$ 以及对所有 $1 \leq i \leq n$, $\lim_{x\to x_i} h(x)$ 存在. 令

$$q = \max\{q_1, \cdots, q_n\},$$

$$\lambda_i = \left(\frac{q\kappa_i}{2\|Q\|^2_{L^2}} \int_{\mathbb{R}^2} |x|^q Q(x)^2 \mathrm{d}x\right)^{\frac{1}{q+4}},\ \lambda = \min\{\lambda_1, \cdots, \lambda_n\}$$

记

$$\mathcal{Z}:=\{x_i:\lambda_i=\lambda\}$$

为位势函数 $V(x)$ 最平坦零点的集合, 则有下面的结果:

定理 1.2.8. (见本书第 4 章定理 4.1.3) 在定理 1.2.7的假设条件下, 若 $V(x)$ 满足额外的条件 (1.2.10), 对任意给定的 $b>0$, 设 u_b 为问题 (1.2.6) 相应的极小可达元, 则

(i)

$$\lim_{b\searrow 0}\frac{e(b)}{b^{\frac{q}{q+4}}}=\frac{4+q}{4q}\lambda^4,\quad \lim_{b\searrow 0}\frac{b^{\frac{1}{q+4}}}{\epsilon_b}=\lambda,$$

其中 ϵ_b 由 (1.2.9) 式给出, 且由定理 1.2.7 得到的集中点 z_0 满足

$$z_0\in\mathcal{Z},\ \text{且当}\ k\to\infty\ \text{时},\ \frac{|z_{b_k}-z_0|}{b_k^{\frac{1}{q+4}}}\to 0.$$

(ii) 对满足当 $k\to+\infty$ 时, $b_k\searrow 0$ 的任意序列 $\{b_k\}$, 存在一个子列(不妨仍记为 $\{b_k\}$), 以及点 $x_{i_0}\in\mathcal{Z}$ 满足

$$\lim_{k\to\infty}b_k^{\frac{1}{q+4}}u_{b_k}\left(b_k^{\frac{1}{q+4}}x+x_{i_0}\right)=\frac{\lambda Q(\lambda x)}{\|Q\|_{L^2}}\ \text{在}\ H^1(\mathbb{R}^2)\ \text{中成立}.$$

此外, 对于点 $x_i\in\mathcal{M}\triangleq\{x_j:V(x_j)=0\}\setminus\{x_{i_0}\}$, 当 $k\to\infty$ 时, 有

$$b_k^{\frac{1}{q+4}}u_{b_k}\left(b_k^{\frac{1}{q+4}}x+x_i\right)\rightharpoonup 0\ \text{在}\ H^1(\mathbb{R}^2)\ \text{中弱收敛},$$

其中, $Q(x)$ 为方程 (2.1.1) 的解.

(iii) 由定理 1.2.7 得到的集中点 z_0 和由 (ii) 得到的集中点 x_{i_0} 实际上是同一个点, 即

$$z_0=x_{i_0}.$$

本书第 5 章考虑了下面的约束变分极小问题:

$$e(\beta):=\inf\left\{E_\beta(u):u\in\mathcal{H}\ \text{且}\int_{\mathbb{R}^2}u^2\mathrm{d}x=1\right\},\tag{1.2.11}$$

其中工作空间 $\mathcal{H}$ 由 (1.1.14) 式定义, 能量泛函 $E_\beta(\cdot)$ 定义为:

$$E_\beta(u)=\int_{\mathbb{R}^2}(|\nabla u|^2+V(x)u^2)\mathrm{d}x-\frac{\beta}{2}\int_{\mathbb{R}^2}|u|^4\mathrm{d}x,\ u\in\mathcal{H}.$$

位势函数 $V(x)$ 满足

$$V(x)=\left(\sqrt{\frac{x_1^2}{a^2}+\frac{x_2^2}{b^2}}-A\right)^2,\ \text{其中}\ A,a,b>0,\ x=(x_1,x_2)\in\mathbb{R}^2.\quad(1.2.12)$$

当 $a=b=1$ 时, Guo 等(2014)讨论了问题 (1.2.11), 他们对位势函数做了如下假设:

$$V_A(x)=(|x|-A)^2,\quad \text{其中}\ A>0,\ x\in\mathbb{R}^2.\quad(1.2.13)$$

当位势函数满足条件 (1.2.13) 时, Guo 等(2016)证明了问题 (1.2.11) 极小可达元集中在位势函数零点集圆环 $\{x\in\mathbb{R}^2:|x|=A\}$ 上, 但是并不确定具体的集中位置. 那么, 如果 $V(x)$ 的全局极小值环有更多的一些信息, 如该环不是圆而是椭圆, 能否给出极小化问题 (1.2.11) 可达元集中点的更多信息. 受文献 Guo 等(2016) 结果的启发, 假设位势函数 $V(x)$ 满足条件 (1.2.12), 并且不失一般性, 令 $A=1$ 以及 $a>b>0$, 则有如下结果:

定理 1.2.9. (见本书第 5 章定理 5.1.2) 若 $V(x)$ 满足条件 (1.2.12), 对于给定的 $\beta<\beta_*$, 设 u_β 为问题 (1.2.11) 的相应的非负极小可达元, 则

(i)

$$\lim_{\beta\nearrow\beta_*}\frac{e(\beta)}{(\beta_*-\beta)^{\frac{1}{2}}}=\frac{2\lambda^2}{\|Q\|_{L^2}^2}.$$

(ii) 对于满足当 $k\to+\infty$ 时, $\beta_k\nearrow\beta_*$ 的任意序列 $\{\beta_k\}$, 在子列的意义下满足

$$\lim_{k\to\infty}(\beta_*-\beta_k)^{\frac{1}{4}}u_{\beta_k}((\beta_*-\beta_k)^{\frac{1}{4}}x+x_{\beta_k})=\frac{\lambda Q(\lambda x)}{\|Q\|_{L^2}}\ \text{在}\ H^1(\mathbb{R}^2)\ \text{中成立},$$

其中 x_{β_k} 为 u_{β_k} 的唯一全局最大值点, 且

$$\lambda = \left(\frac{1}{2a^2}\int_{\mathbb{R}^2}|x|^2Q^2(x)\mathrm{d}x\right)^{\frac{1}{4}}.$$

此外,

$$\text{当 } k\to\infty \text{ 时, } x_{\beta_k}\to x_0, \text{ 其中 } x_0\in\mathcal{Z},$$

以及

$$\lim_{k\to\infty}\frac{f(x_{\beta_k})-1}{(\beta_*-\beta_k)^{\frac{1}{4}}}=0.$$

其中

$$f(x)=\sqrt{\frac{x_1^2}{a^2}+\frac{x_2^2}{b^2}},\ x=(x_1,x_2)\in\mathbb{R}^2,$$

$$\mathcal{Z}:=\{(a,0),(-a,0)\}$$

为位势函数 $V(x)$ 零点集长轴端点集合.

当 β 靠近临界值 β_* 时, 定理 1.2.9 说明了问题 (1.2.11) 的极小可达元集中在位势函数零点集的长轴端点上.

在第 6 章, 当参数 $a=0$ 且 β 靠近临界门槛值时, 本书给出了问题 (2) 极小可达元的渐进行为.

在第 7 章, 若参数 a,b 满足条件: (B) $b=b(a)$, 并且当 $b\to 0$ 时, $a\to 0$. 对于固定的参数 β, 当 $a\to 0$ 时, 本书分析了问题 (2) 极小可达元的集中性和局部唯一性.

第2章　预备知识

本章主要给出了几个本书主要用到的结果.

2.1　Gagliardo-Nirenberg 不等式

由文献 [20, 44, 50, 57, 72] 知, 下面的半线性椭圆方程:

$$-\frac{Np}{4}\triangle u+\left(1+\frac{p}{4}(2-N)\right)u-u^{p+1}=0,\ x\in\mathbb{R}^N, \tag{2.1.1}$$

其中 $1\le N\le 4,\ 0<p<2^*-2$, 在忽略平移作用的情形下存在唯一径向对称正解 $\phi_p\in H^1(\mathbb{R}^N)$, 其中 $2^*=\frac{2N}{N-2}$ ($N\ge 3$ 时) 或 $2^*=+\infty$($N=1,2$ 时). 此外 Weinstein (1983) 在文中给出了下面的 Gagliardo-Nirenberg 不等式, 即对于任意的 $u\in H^1(\mathbb{R}^N)$ 有

$$\|u\|_{L^{p+2}}^{p+2}\le\frac{p+2}{2\|\phi_p\|_{L^2}^{p}}\|\nabla u\|_{L^2}^{\frac{Np}{2}}\|u\|_{L^2}^{2+\frac{p}{2}(2-N)},\ N\ge 1,\ 0<p<2^*-2, \tag{2.1.2}$$

并且方程 (2.1.2) 等号成立当且仅当 $u=\phi_p$. 此外, 根据方程 (2.1.1) 和引理 2.2.5 中的 Pohozaev 恒等式可得

$$\int_{\mathbb{R}^N}\phi_p^2\mathrm{d}x=\int_{\mathbb{R}^N}|\nabla\phi_p|^2\mathrm{d}x,\quad \int_{\mathbb{R}^N}\phi_p^2\mathrm{d}x=\frac{2}{p+2}\int_{\mathbb{R}^N}|\phi_p|^{p+2}\mathrm{d}x. \tag{2.1.3}$$

更进一步, 由文献 [20] 知, 当 $|x|$ 足够大时, 存在正常数 $C,\delta>0$ 使得

$$|\phi_p(x)|+|\nabla\phi_p(x)|\le Ce^{-\delta|x|}. \tag{2.1.4}$$

注: 若无特别说明, 对于 $p=\frac{4}{N}$, 在本书中记 $\phi_p(x)$ 为 $Q(x)$.

2.2 几个重要引理

设 $V(x)$ 满足下面的条件

$$V(x) \in L^{\infty}_{loc}(\mathbb{R}^N, \mathbb{R}^+), \quad \lim_{|x|\to\infty} V(x) = \infty \text{ 且 } V(x) \geq 0. \tag{2.2.1}$$

定义函数空间:

$$\mathcal{H} := \left\{ u \in H^1(\mathbb{R}^N) : \int_{\mathbb{R}^N} V(x) u^2 \mathrm{d}x < +\infty \right\}.$$

以及范数

$$\|u\|_{\mathcal{H}} = \left[\int_{\mathbb{R}_N} (|\nabla u|^2 + V(x) u^2) \mathrm{d}x \right]^{\frac{1}{2}}, \ u \in \mathcal{H},$$

则有下面的嵌入定理成立, 证明可参见文献([65], 定理XIII.67) 或文献([5], 定理2.1).

引理 2.2.1. 对任意的空间维数 $N \geq 1$, 令 $V(x)$ 满足条件 (2.2.1), 则空间 $\mathcal{H} \hookrightarrow L^q(\mathbb{R}^N)(2 \leq q < 2^*)$ 是紧嵌入.

引理 2.2.2. (拉格朗日乘子原理) 设 X 是一个 Banach空间, $f, g \in C^1(X, \mathbb{R})$, 集合 $M = \{x \in X : g(x) = 0\} \neq \varnothing$, 且对任意的 $x \in M$, 有 $g'(x) \neq 0$. 如果 f 在 $x_0 \in M$ 处达到局部极小, 那么一定存在实数 $\lambda \in \mathbb{R}$ 满足

$$f'(x_0) = \lambda g'(x_0).$$

下面给出本书第 3 章证明中用到的 Schwarz 对称化相关的已知结果.

引理 2.2.3. (文献[7], 附录A.III) 令 $u \in H^1(\mathbb{R}^N)$ $(N \geq 1)$, 则存在一个非负的非增函数 $u^* \in H^1_r(\mathbb{R}^N)$ 使得对所有的 $1 \leq p < \infty$ 有

$$\int_{\mathbb{R}^N} |u^*|^p \mathrm{d}x = \int_{\mathbb{R}^N} |u|^p \mathrm{d}x$$

且

$$\int_{\mathbb{R}^N} |\nabla u^*|^2 \mathrm{d}x \leq \int_{\mathbb{R}^N} |\nabla u|^2 \mathrm{d}x.$$

引理 2.2.4.　(文献[11], 命题1.7.1) 令 $\{u_n\} \subset H_r^1(\mathbb{R}^N)$ 为任一有界序列, 如果 $N \geq 2$ 或者对于每一个 $n \geq 0$, $u_n(x)$ 是关于 $|x|$ 是一个非增的函数, 那么存在一个子序列 $\{u_{n_k}\}_{k\geq 0}$ 和 $u \in H_r^1(\mathbb{R}^N)$, 使得当 $k \to \infty$ 时, 在 $L^q(\mathbb{R}^N)$ 中 $u_{n_k} \to u$, 其中 $q \in (2, \frac{2N}{N-2})$, 若 $N \geq 3$, 或者 $q \in (2, +\infty)$ 若 $N = 1, 2$.

下面给出本书将用到的重要的Pohozaev不等式以及消失引理.

引理 2.2.5.　(文献[11], 引理8.1.2) 设 $0 < \alpha < \frac{4}{N-2}$(若 $N \geq 3$), 或 $0 < \alpha < \infty$(若 $N = 1, 2$), $m > 0, n \in \mathbb{R}$. 若 $u \in H^1(\mathbb{R}^N)$ 满足 $-\Delta u + mu = n|u|^\alpha u \in H^{-1}(\mathbb{R}^N)$, 那么有下面的结论成立:

(i)　$\int_{\mathbb{R}^N} |\nabla u|^2 \mathrm{d}x + m\int_{\mathbb{R}^N} |u|^2 \mathrm{d}x = n\int_{\mathbb{R}^N} |u|^{\alpha+2} \mathrm{d}x$.

(ii)　(Pohozaev 恒等式)

$$(N-2)\int_{\mathbb{R}^N} |\nabla u|^2 \mathrm{d}x + Nm\int_{\mathbb{R}^N} |u|^2 \mathrm{d}x = \frac{2Nn}{\alpha+2}\int_{\mathbb{R}^N} |u|^{\alpha+2} \mathrm{d}x.$$

引理 2.2.6.　(文献[72], 引理1.21) 设 $r > 0$, $2 \leq q < 2^*$, N 为空间维数. 若 $\{u_n\}$ 是空间 $H^1(\mathbb{R}^N)$ 中的有界序列, 且满足下面条件

$$\text{当 } n \to \infty \text{ 时, } \sup_{y\in\mathbb{R}^N} \int_{B(y,r)} |u_n|^q \to 0.$$

那么,当 $n \to \infty$ 时, $u_n \to 0$ 在 $L^p(\mathbb{R}^N)$ 中强收敛, 其中 $2^* = \frac{2N}{N-2}$(若 $N \geq 3$), $2^* = \infty$(若 $N = 1, 2$).

第3章　质量临界下 Kirchhoff 型椭圆方程 L^2 约束解的存在性和集中行为

3.1　研究背景和主要结论

本章主要研究下面 Kirchhoff 型椭圆方程的 L^2 范数为 1 的解的存在性和集中行为, 即

$$-\left(a+b\int_{\mathbb{R}^N}|\nabla u|^2\mathrm{d}x\right)\triangle u+V(x)u=\beta|u|^pu+\lambda u,\ \ x\in\mathbb{R}^N, \tag{3.1.1}$$

其中 $\int_{\mathbb{R}^N}u^2\mathrm{d}x=1$, 空间维数 $1\leq N\leq 4$, $\lambda\in\mathbb{R}\setminus\{0\}$ 是 Lagrange 乘子, a 和 b 均为正常数, $\beta>0$ 是参数, $V(x)\in C(\mathbb{R}^N,\mathbb{R}^+)$, $p\in(0,2^*-2)$ 并且 $2^*=\frac{2N}{N-2}$ 如果 $N=3,4$; $2^*=+\infty$ 如果 $N=1,2$.

注意到当 $b=0$ 时, 问题 (3.1.1) 就退化成了所谓的 Gross-Pitaevskii 方程, Gross-Pitaevskii 方程在研究 Bose-Einstein 凝聚现象发挥了非常大的作用, 参见文献 [15, 19]. 在 $b=0$ 的情形下, 问题 (3.1.1) 的 L^2 范数约束解(即 L^2 范数等于 1 的解)有着特定的物理意义, 事实上这种类型的解即是描述微观粒子运动状态的波函数. 对于空间维数 $N=2$ 以及 $p=2$ 的特殊情形, 文献 [29, 83] 给出了(GP)方程 L^2 范数约束解的存在性结果. 特别地, 当参数 β 靠近某个临界值时, Guo 和 Seiringer (2014)给出了(GP)方程 L^2 范数约束解详细的集中行为. 此外, 受到文献 [29] 的启发, 对于固定的参数 β 和 $b=0$, Guo, Zeng 和 Zhou (2014) 研究了当 $p\nearrow 2$ 时问题 (3.1.1) 的 L^2 范数约束解的集中行为. 同时, 文献 [79, 81] 也对文献 [30] 的结果进行了推广. 近几年来, 受到

文献 [29] 的启发, 在 Kirchhoff 型椭圆问题 (3.1.1) 中令 $\beta = 1$ 和 $V(x) \equiv 0$, 文献 [55, 76, 77, 82] 研究了 $\|u\|_{L^2} = c$ 的解的存在性问题, 同时给出了这类解的存在性依赖于参数 c 取值范围. 本章的主要目的是将文献 [29, 30, 79] 中关于问题 (3.1.1) 的结果从 $b = 0$ (局部情形) 推广到非局部情形 (即 $b \neq 0$). 也就是说, 对于 $b \neq 0$ 这种情形, 本章将研究问题 (3.1.1) 的 L^2 范数约束解的存在性以及当参数 p 靠近临界指标 $p^* \triangleq \frac{8}{N}$ 时 L^2 范数约束解的渐近行为. 为此, 考虑下面的约束变分极小化问题:

$$d_\beta(p) = \inf_{u \in S_1} E_p^\beta(u), \tag{3.1.2}$$

其中 $E_p^\beta(\cdot), \mathcal{H}$ 和 S_1 分别由 (1.1.13), (1.1.14) 和 (1.1.15) 式定义.

很显然, 如果 $V(x) \equiv 0$, 则 $\mathcal{H} = H^1(\mathbb{R}^N)$. 此外, 如果 $N \geq 3$, 那么为了保证 (1.1.13) 式中的泛函在 $\mathcal{H}$ 中是良定义的, 必须有参数 $p \in (0, \frac{4}{N-2}]$. 另一方面, 对于任意固定的 $u_0 \in S_1$, 易知对于任意 $\sigma > 0$, $u_0^\sigma(x) = \sigma^{\frac{N}{2}} u_0(\sigma x) \in S_1$, 然而对于任意给定的 $u_0 \in S_1$,

$$\text{若 } p > \frac{8}{N}, \text{ 则当 } \sigma \to +\infty \text{ 时, } E_p^\beta(u_0^\sigma) \to -\infty.$$

这意味着如果 $p > \frac{8}{N}$, 那么 $d_\beta(p) = -\infty$, 因此, 本章通常假设

$$0 < p \leq \frac{8}{N}, \text{ 且 } \quad p \leq \frac{4}{N-2} \quad \text{如果 } N \geq 3 \Longrightarrow N \leq 4.$$

从上面的分析可以推出空间维数 N 可以取值 $1, 2, 3$ 或者 4, 同时根据文献 [76] 中公式 (2.6) 的推导过程, 不难发现空间维数 $N < 4$ 在文献 [76] 中是必不可少的. 当位势 $V(x) \equiv 0$ 以及空间维数 $N < 4$ 时, 利用文献 [76] 中相同的证明技巧, 如果 $p \geq \frac{8}{N}$, 则对于任意的 $\beta > 0$, 问题 (3.1.2) 没有极小可达元. 但是当 $p \in (0, \frac{8}{N})$ 时, 则存在 $\beta^* > 0$, 使得如果 $p \in (0, \frac{4}{N}]$, 则问题 (3.1.2) 存在极小可达元当且仅当 $\beta \in (\beta^*, +\infty)$; 如果 $p \in (\frac{4}{N}, \frac{8}{N})$, 则问题

(3.1.2) 存在极小可达元当且仅当 $\beta \in [\beta^*, +\infty)$. 然后, 利用文献 [76] 的处理方法, 作者只能够在 $p \in (0, \frac{4}{N}]$ 的情况下计算出 β^* 的具体值. 对于空间维数 $1 \leq N \leq 4$ 以及所有的 $p \in (0, \frac{8}{N})$, 本章成功的得到的 β^* 的具体的显式表达式. 此外, 如果在问题 (3.1.2) 中令 $V(x) \equiv 0$, 尽管当空间维数 $N \leq 3$ 时, 作者在文献 [76, 77] 中给出了问题 (3.1.2) 极小可达元存在性得证明, 本章将提供一个比文献 [76, 77] 更简单更直接的证明问题 (3.1.2) 在位势函数 $V(x) \equiv 0$ 时的极小可达元存在性的方法, 并且可以将文献 [76, 77] 中的结果空间维数从 $N \leq 3$ 推广到 $N \leq 4$.

本章的另一个目的是研究问题 (3.1.2) 在位势函数 $V(x) \not\equiv 0$ 时是否有一些新的现象. 实际上, 本章的结果显示问题 (3.1.2) 在位势函数 $V(x) \not\equiv 0$ 时是和位势函数 $V(x) \equiv 0$ 完全不同的. 简单地说, 在本章的定理 3.1.2 和 3.1.3 中, 证明了当 $p \in (0, \frac{8}{N})$ 时, 对于任意的 $\beta > 0$, 问题 (3.1.2) 存在极小可达元, 并且当 $p = \frac{8}{N}$ 时, 可以给出具体的显式表达式 β^*, 使得问题 (3.1.2) 存在极小可达元当且仅当 $\beta \in (0, \beta^*]$. 此外, 在定理 3.1.5 中, 当参数 $p \nearrow p^* = \frac{8}{N}$ 时, 分析了问题 (3.1.2) 极小可达元的渐近行为.

本章的主要结果如下:

定理 3.1.1. 如果$V(x) \equiv 0$,$p \in (0, p^*]$,且$1 \leq N \leq 4$,其中$p^* = \frac{8}{N}$,令

$$\widetilde{\beta}_p = \begin{cases} 0, & \text{若 } 0 < p < \frac{4}{N}, \\ a\|\phi_p\|_{L^2}^{\frac{4}{N}}, & \text{若 } p = \frac{4}{N}, \\ 2\|\phi_p\|_{L^2}^{p}\left(\frac{2a}{8-Np}\right)^{\frac{8-Np}{4}}\left(\frac{b}{Np-4}\right)^{\frac{Np-4}{4}}, & \text{若 } \frac{4}{N} < p < p^* = \frac{8}{N}, \end{cases} \tag{3.1.3}$$

且

$$\widetilde{\beta}_{p^*} = \begin{cases} \frac{b}{2}\|\phi_{p^*}\|_{L^2}^{\frac{8}{N}}, & \text{若 } N \leq 3,\ p = p^*, \\ bS^2, & \text{若 } N = 4,\ p = p^*, \end{cases} \tag{3.1.4}$$

其中 ϕ_p 是 (2.1.1) 的唯一正解, 且

$$S=\inf_{u\in D^{1,2}(\mathbb{R}^4)}\frac{\|\nabla u\|_{L^2}^2}{\|u\|_{L^4}^2}>0. \tag{3.1.5}$$

那么

(i) 若 $p\in(0,\frac{8}{N})$, 则问题 (3.1.2) 存在极小可达元当且仅当

$$\beta>\widetilde{\beta}_p \text{ 若 } 0<p\leq\frac{4}{N}, \text{ 或者 } \beta\geq\widetilde{\beta}_p \text{ 若 } \frac{4}{N}<p<\frac{8}{N}. \tag{3.1.6}$$

因此, 在 (3.1.6) 的条件假设下, 对于某些 $\lambda<0$, 问题 (3.1.1) 总是存在一个正解 $u\in H^1(\mathbb{R}^N)$, 并且该解满足 $\|u\|_{L^2}=1$.

(ii) 若 $p=p^*(=\frac{8}{N})$, 则对于任意的 $\beta>0$, 问题 (3.1.2) 不存在极小可达元.

当位势函数 $V(x)\not\equiv 0$ 时, 问题 (3.1.2) 极小可达元的存在性结果和 $V(x)\equiv 0$ 完全不同. 接下来, 通过对位势函数 $V(x)$ 做适当的条件假设, 本章得到了次质量临界($p<\frac{8}{N}$) 时的问题 (3.1.2) 极小可达元的存在性结果.

定理 3.1.2. 令$0<p<p^*$,$1\leq N\leq 4$,若位势函数$V(x)$满足下面条件

$$0\not\equiv V(x)\in C(\mathbb{R}^N,\mathbb{R}^+),\quad \lim_{|x|\to\infty}V(x)=\infty \quad \text{且} \quad \inf_{x\in\mathbb{R}^N}V(x)=0 \tag{3.1.7}$$

则对于任意给定的 $\beta>0$, 问题 (3.1.2) 至少存在一个极小可达元.

当空间维数 $N=4$ 时, 因为 $p^*+2=2^*=4$ 等于经典的 Sobolev 临界指标, 所以这时必须面对由 Sobolev 临界指标和无界区域 $\mathbb{R}^N$ 所引起的非紧性问题. 在这种情形下, 众所周知甚至径向对称空间 $\mathcal{H}\hookrightarrow L^{2^*}(\mathbb{R}^4)$ 是非紧的. 基于上述原因, 在指标 p 等于质量临界指标 p^* 的情形下, 本章证明了下面的空间维数 $N\leq 3$ 时的结果.

定理 3.1.3.　若 $1 \leq N \leq 3$, 位势函数 $V(x)$ 满足条件 (3.1.7), 那么当 $p = p^*$ 时, 有

(i)　若 $0 < \beta \leq \beta_{p^*} \triangleq \frac{b}{2}\|\phi_{p^*}\|_{L^2}^{p*}$, 则 $d_\beta(p^*) > 0$, 且问题 (3.1.2) 至少存在一个极小可达元.

(ii)　若 $\beta > \beta_{p^*}$, 则 $d_\beta(p^*) = -\infty$, 且问题 (3.1.2) 不存在极小可达元.

当 $p = p^*$ 时, 定理 3.1.2 说明了问题 (3.1.2) 极小可达元是否存在取决于 β 的取值. 接下来, 一个很自然的问题是对于任意给定的 $\beta > 0$, 当 $p < p^*$ 靠近 p^* 时, 问题 (3.1.2) 极小可达元将会有怎样的渐近行为? 基于上述疑问, 本章有下面的结果.

为方便叙述我们的定理, 令

$$\beta_p = \frac{b}{2}\|\phi_p\|_{L^2}^p, \tag{3.1.8}$$

这里 ϕ_p 是方程 (2.1.1) 的唯一正解, 那么有下面的定理.

定理 3.1.4.　设 $\beta \in (0, \beta_{p^*})$, $1 \leq N \leq 3$, 且 $V(x)$ 满足条件 (3.1.7). 任取 $(0, p^*)$ 中的一串序列, 设 u_p 为问题 (3.1.2) 相应的非负极小可达元, 那么存在 $\{u_p\}$ 的一个子序列(不妨仍记为 $\{u_p\}$), 使得对于某个 $u_0 \in \mathcal{H}$, 有

$$\text{当 } p \nearrow p^* \text{时}, \ d_\beta(p) \to d_\beta(p^*) \text{ 且 } u_p \to u_0 \text{ 在 } \mathcal{H} \text{ 中强收敛}.$$

此外, $u_0 \in S_1$ 是 $d_\beta(p^*)$ 的极小可达元.

定理 3.1.4 表明对于 $\beta \in (0, \beta_{p^*})$, 问题 (3.1.2) 关于 $p < p^*$ 的极小可达元 u_p 在 $p \nearrow p^*$ 时收敛到 $p = p^*$ 时问题 (3.1.2) 的极小可达元. 但是当 $\beta > \beta_{p^*}$ 时, 定理 3.1.3 证明了当 $p = p^*$ 时问题 (3.1.2) 不存在极小可达元, 在这种情形下, 当 $p \nearrow p^*$时, 问题 (3.1.2) 极小可达元会有怎样的渐近行为呢?

因为对于任意固定的 $\beta > \beta_{p^*}$, 存在一个正的常数 m (不依赖于 p), 使得 $\frac{\beta}{\beta_{p^*}} > m > 1$, 那么利用当 $p \nearrow p^*$ 时, $\beta_p \to \beta_{p^*}$ 的事实可知

$$\text{当 } p \nearrow p^* \text{ 时}, \left(\frac{\beta p}{\beta_p p^*}\right)^{\frac{p^*}{p^*-p}} \to +\infty. \tag{3.1.9}$$

运用式 (3.1.9) 的结果, 本章得到了下面的定理, 该定理描述了当 $p \nearrow p^*$ 时, 问题 (3.1.2) 极小可达元的集中爆破行为.

定理 3.1.5. 对于任意给定的 $\beta > \beta_{p^*}$ 和 $1 \le N \le 3$, 若位势 $V(x)$ 满足条件 (3.1.7), 且当 $p \in (0, p^*)$ 时, 令 u_p 为问题 (3.1.2) 相应的非负极小可达元, 则对于任意序列 $\{u_p\}$, 存在一个序列 $\{y_{\epsilon_p}\} \subset \mathbb{R}^N$ 和变量 $y_0 \in \mathbb{R}^N$ 使得

$$\lim_{p \nearrow p^*} \epsilon_p^{\frac{N}{2}} u_p(\epsilon_p x + \epsilon_p y_{\epsilon_p}) = \frac{1}{\|\phi_{p^*}\|_{L^2}} \phi_{p^*}(|x - y_0|)$$

在$H^1(\mathbb{R}^N)$中成立.

其中

$$\text{当 } p \nearrow p^* \text{时}, \epsilon_p = \left(\frac{\beta p}{\beta_p p^*}\right)^{-\frac{p^*}{4(p^*-p)}} \to 0.$$

此外, 当 $p \nearrow p^*$ 时, $\{y_{\epsilon_p}\}$ 满足 $\epsilon_p y_{\epsilon_p} \to z_0$, 且 z_0 是位势 $V(x)$ 的全局极小点, 即

$$V(z_0) = 0.$$

对于给定的 $\beta > \beta_{p^*}$, 定理 3.1.5 给出了当 $p \nearrow p^*$ 时问题 (3.1.2) 极小可达元的集中爆破行为. 注意到条件 (3.1.9) 在该定理证明中是必不可少的, 并且在条件 (3.1.9) 中, 若 $\beta = \beta_{p^*}$, 则无法确定 $\left(\frac{\beta p}{\beta_p p^*}\right)^{\frac{p^*}{p^*-p}}$ 的具体的收敛性, 所以对于 $\beta = \beta_{p^*}$ 这种情形, 目前还没有很好的方法处理这种情形下问题 (3.1.2) 极小可达元在 $p \nearrow p^*$ 时的渐近状态.

3.2　$V(x) \equiv 0$ 时问题 (3.1.2) 的存在性和非存在性结果

当位势 $V(x) \equiv 0$ 时, 为了简单起见, 将 (3.1.2) 记作如下形式:

$$\widetilde{d}_\beta(p) = \inf_{u \in \widetilde{S}_1} \widetilde{E}_p^\beta(u), \tag{3.2.1}$$

其中对任意给定的 $u \in H^1(\mathbb{R}^N)$, 能量泛函 $\widetilde{E}_p^\beta(\cdot)$ 定义为

$$\widetilde{E}_p^\beta(u) = \frac{a}{2}\int_{\mathbb{R}^N} |\nabla u|^2 \mathrm{d}x + \frac{b}{4}\left(\int_{\mathbb{R}^N} |\nabla u|^2 \mathrm{d}x\right)^2 - \frac{\beta}{p+2}\int_{\mathbb{R}^N} |u|^{p+2} \mathrm{d}x, \tag{3.2.2}$$

$$\widetilde{S}_1 = \left\{u \in H^1(\mathbb{R}^N) : \int_{\mathbb{R}^N} |u|^2 \mathrm{d}x = 1\right\}.$$

显然, $\widetilde{d}_\beta(p)$ 是有定义的, 且

$$\text{对任意的 } \beta > 0,\ \text{有 } \widetilde{d}_\beta(p) \le 0;\ \text{对任意的 } \beta \le 0,\ \text{有 } \widetilde{d}_\beta(p) = 0. \tag{3.2.3}$$

事实上, 对任意的 $\beta > 0$ 和 $u \in \widetilde{S}_1$, 由式 (2.1.2) 和式 (3.2.2) 的定义可得

$$\begin{aligned}\widetilde{E}_p^\beta(u) \ge\ & \frac{a}{2}\int_{\mathbb{R}^N} |\nabla u|^2 \mathrm{d}x + \frac{b}{4}\left(\int_{\mathbb{R}^N} |\nabla u|^2 \mathrm{d}x\right)^2 \\ & - \frac{\beta}{2\|\phi_p\|_{L^2}^p}\left(\int_{\mathbb{R}^N} |\nabla u|^2 \mathrm{d}x\right)^{\frac{Np}{4}}.\end{aligned} \tag{3.2.4}$$

因为 $0 < p < \frac{8}{N}$ 和 $0 < \frac{Np}{4} < 2$, 所以 $\widetilde{E}_p^\beta$ 在 $\widetilde{S}_1$ 上是下方有界的, 且式 (3.2.1) 是良定义的. 由 (3.2.4) 式, 易知对于任意的 $\beta \le 0$, 有 $\widetilde{d}_\beta(p) \ge 0$. 此外取 $u \in \widetilde{S}_1$ 且令 $u_t(x) = t^{\frac{N}{2}} u(tx)(t > 0)$, 那么 $u_t \in \widetilde{S}_1$ 且当 $t \to 0$ 时, 有

$$\begin{aligned}\widetilde{d}_\beta(p) \le \widetilde{E}_p^\beta(u_t) =\ & \frac{at^2}{2}\int_{\mathbb{R}^N} |\nabla u|^2 \mathrm{d}x + \frac{bt^4}{4}\left(\int_{\mathbb{R}^N} |\nabla u|^2 \mathrm{d}x\right)^2 \\ & - \frac{\beta t^{\frac{Np}{2}}}{p+2}\int_{\mathbb{R}^N} |u|^{p+2} \mathrm{d}x \to 0.\end{aligned} \tag{3.2.5}$$

因此, (3.2.3) 式得证.

3.2.1 一些重要引理

对于 $p \in (0, p^*)$ 这种情形, 下面给出极小能量 $\widetilde{d}_\beta(p) < 0$ 的充要条件, 即下面的引理.

引理 3.2.1. 令 $1 \le N \le 4$ 和 $p \in (0, \frac{8}{N})$, 则 $\widetilde{d}_\beta(p) < 0$ 当且仅当 $\beta > \widetilde{\beta}_p$, 其中 $\widetilde{\beta}_p$ 由 (3.1.3) 式给出, 此外对于所有的 $\beta \le \widetilde{\beta}_p$ 和 $p \in (0, \frac{8}{N})$, $\widetilde{d}_\beta(p) = 0$.

证明. 下面分三种情形来证明该引理：情形 1， $p \in (0, \frac{4}{N})$; 情形 2， $p = \frac{4}{N}$; 情形 3， $p \in (\frac{4}{N}, \frac{8}{N})$.

情形 1 和情形 2 的证明方法将采用文献 [76] 中引理 2.3 的证明思路. 但是对于第 3 种情形, 利用文献 [76] 中的方法不能得到 $\widetilde{\beta}_p$ 的显示表达式, 且该方法只能处理空间维数 $N \le 3$ 的情形. 为了得到 $\widetilde{\beta}_p$ 的显示表达式以及将文献 [76] 中引理 2.3 的结果推广到空间维数 $N = 4$, 这里将使用一种新的证明方法.

情形 1： $p \in (0, \frac{4}{N})$. 在这种情形下, 由 (3.1.3) 式可得 $0 < \frac{Np}{2} < 2$ 和 $\widetilde{\beta}_p = 0$. 那么由 (3.2.5) 式可知, 对于任意的 $\beta > 0 = \widetilde{\beta}_p$, 有 $\widetilde{d}_\beta(p) < 0$, 再根据 (3.2.3) 式, 对于任意的 $\beta \le 0 = \widetilde{\beta}_p$, 即得 $\widetilde{d}_\beta(p) = 0$.

情形 2： $p = \frac{4}{N}$. 在这种情形下, 由 (3.1.3) 式可知 $\widetilde{\beta}_p = \widetilde{\beta}_{4/N}$, 下面分两种不同的情况来证明.

- 如果 $\beta \le \widetilde{\beta}_p$, 则 $\widetilde{d}_\beta(p) = 0$. 事实上, 令 $u \in \widetilde{S}_1$, 那么根据 (2.1.2) 式和 (3.2.4) 式有

$$\widetilde{E}_p^\beta(u) \ge \frac{a(\widetilde{\beta}_p - \beta)}{2\widetilde{\beta}_p} \int_{\mathbb{R}^N} |\nabla u|^2 \mathrm{d}x + \frac{b}{4} \left(\int_{\mathbb{R}^N} |\nabla u|^2 \mathrm{d}x \right)^2 > 0.$$

注意到此时在 (3.2.4) 式中 $Np/4 = 1$, 因此, $\widetilde{d}_\beta(p) \ge 0$. 此外, 再利用 (3.2.3) 式可得 $\widetilde{d}_\beta(p) = 0$.

• 如果 $\beta > \widetilde{\beta}_p$, 则 $\widetilde{d}_\beta(p) < 0$. 事实上, 令 ϕ_p 由 (2.1.2) 式定义以及

$$u_t = \frac{t^{\frac{N}{2}}\phi_p(tx)}{\|\phi_p\|_{L^2}},\ \text{当}t > 0, \tag{3.2.6}$$

那么 $u_t \in \widetilde{S}_1$, 并且由 (2.1.3) 式可得

$$\int_{\mathbb{R}^N} |\nabla u_t|^2 \mathrm{d}x = \frac{t^2\int_{\mathbb{R}^N}|\nabla\phi_p|^2\mathrm{d}x}{\|\phi_p\|_{L^2}^2} = t^2, \tag{3.2.7}$$

$$\int_{\mathbb{R}^N} u_t^{p+2}\mathrm{d}x = \frac{t^{\frac{Np}{2}}\int_{\mathbb{R}^N}|\phi_p|^{p+2}\mathrm{d}x}{\|\phi_p\|_{L^2}^{p+2}} = \frac{(p+2)t^{\frac{Np}{2}}}{2\|\phi_p\|_{L^2}^p}. \tag{3.2.8}$$

注意到在这种情形下, $p = \frac{4}{N}$ 和 $\frac{Np}{2} = 2$, 因此,

$$\widetilde{E}_p^\beta(u_t) = \left(\frac{a}{2} - \frac{\beta}{2\|\phi_p\|_{L^2}^{\frac{4}{N}}}\right)t^2 + \frac{b}{4}t^4.$$

从而, 如果 $\beta > \widetilde{\beta}_p$, 那么 $\widetilde{d}_\beta(p) \le \inf\limits_{t>0}\widetilde{E}_p^\beta = -\frac{a^2}{4b}\left(\frac{\beta}{\widetilde{\beta}_p} - 1\right)^2 < 0$.

情形 3:　$p \in (\frac{4}{N}, \frac{8}{N})$. 令 u_t 由 (3.2.6) 式给出, 那么 $u_t \in \widetilde{S}_1$, 并且 (3.2.7) 式和 (3.2.8) 式成立. 因此,

$$\widetilde{E}_p^\beta(u_t) = \frac{a}{2}t^2 + \frac{b}{4}t^4 - \frac{\beta}{2\|\phi_p\|_{L^2}^p}t^{\frac{Np}{2}}. \tag{3.2.9}$$

注意到此时 $\frac{4}{N} < p < \frac{8}{N}$ 和 $2 < \frac{Np}{2} < 4$, 根据 Young 不等式, 可得

$$f(t) \triangleq \frac{a}{2}t^2 + \frac{b}{4}t^4 \ge \left(\frac{at^2}{2p_1}\right)^{p_1}\left(\frac{bt^4}{4q_1}\right)^{q_1} = t^{2+2q_1}\left(\frac{a}{2p_1}\right)^{p_1}\left(\frac{b}{4q_1}\right)^{q_1},$$

其中 p_1+q_1=1, 并且上式等号成立当且仅当 $\frac{at^2}{2p_1} = \frac{bt^4}{4q_1}$. 如果令 $2q_1 = \frac{Np}{2} - 2$, 那么 $2p_1 = 4 - \frac{Np}{2}$, 并且有

$$f(t) \ge t^{\frac{Np}{2}}\left(\frac{2a}{8-Np}\right)^{\frac{8-Np}{4}}\left(\frac{b}{Np-4}\right)^{\frac{Np-4}{4}}. \tag{3.2.10}$$

所以, 在 $p \in (\frac{4}{N}, \frac{8}{N})$ 情形下, 定义

$$\widetilde{\beta}_p = 2\|\phi_p\|_{L^2}^p\left(\frac{2a}{8-Np}\right)^{\frac{8-Np}{4}}\left(\frac{b}{Np-4}\right)^{\frac{Np-4}{4}}. \tag{3.2.11}$$

仍有下面两种情况需要考虑.

• 如果 $\beta > \widetilde{\beta}_p$, 取 t_0 满足 $\frac{at_0^2}{2p_1} = \frac{bt_0^4}{4q_1}$, 那么

$$\widetilde{d}_\beta(p) \le \widetilde{E}_p^\beta(u_{t_0}) = \frac{a}{2}t_0^2 + \frac{b}{4}t_0^4 - \frac{\beta}{2\|\phi_p\|_{L^2}^p}t_0^{\frac{Np}{2}} = \frac{t_0^{\frac{Np}{2}}}{2\|\phi_p\|_{L^2}^p}(\widetilde{\beta}_p - \beta) < 0.$$

• 如果 $\beta \le \widetilde{\beta}_p$, 利用 (3.2.10) 式和 (3.2.11) 式, 对于任意 $u \in \widetilde{S}_1$ 可得

$$\begin{aligned}\widetilde{E}_p^\beta(u) &= \frac{a}{2}\int_{\mathbb{R}^N}|\nabla u|^2\mathrm{d}x + \frac{b}{4}\left(\int_{\mathbb{R}^N}|\nabla u|^2\mathrm{d}x\right)^2 - \frac{\beta}{p+2}\int_{\mathbb{R}^N}|u|^{p+2}\mathrm{d}x \\ &\ge \frac{\widetilde{\beta}_p - \beta}{2\|\phi_p\|_{L^2}^p}\left(\int_{\mathbb{R}^N}|\nabla u|^2\mathrm{d}x\right)^{\frac{Np}{4}} \ge 0,\end{aligned}$$

也就是说 $\widetilde{d}_\beta(p) \ge 0$. 从而由 (3.2.3) 式可知, 对于任意的 $\beta \le \widetilde{\beta}_p$, $\widetilde{d}_\beta(p) = 0$. 从而, 结合上面所有的情形, 完成了该引理的证明. □

更进一步, 对于 $p = p^*$ 的情形, 下面给出极小能量 $\widetilde{d}_\beta(p^*)$ 的一些结论.

引理 3.2.2. 如果 $1 \le N \le 4$ 和 $p = p^* = \frac{8}{N}$, 那么对于任意的 $\beta \le \widetilde{\beta}_{p^*}$, $\widetilde{d}_\beta(p^*) = 0$, 且对任意的 $\beta > \widetilde{\beta}_{p^*}$, $\widetilde{d}_\beta(p^*) = -\infty$, 这里 $\widetilde{\beta}_{p^*}$ 由 (3.1.4) 式所定义.

证明. 当 $1 \le N \le 3$ 时, 该引理可用类似于文献([76], 引理 2.4) 中的方法证明, 但是此方法并不能处理空间维数 $N = 4$ 的情况. 事实上, 对于 $1 \le N \le 3$, 在 (3.2.6) 式中用 p^* 和 ϕ_{p^*} 分别代替 p 和 ϕ_p, 仍然有 (3.2.7) 式~(3.2.9) 式成立. 但是此时我们注意到 $p = p^* = 8/N$ 且 $\frac{Np}{2} = 4$, 那么对于任意的 $t > 0$, (3.2.9) 式就变为

$$\widetilde{E}_p^\beta(u_t) = \frac{a}{2}t^2 + (\frac{b}{4} - \frac{\beta}{2\|\phi_p\|_{L^2}^p})t^4,$$

由此以及 (3.1.4) 式中 $\widetilde{\beta}_{p^*}$ 的定义, 易知该引理对于 $1 \le N \le 3$ 成立.

然而, 如果空间维数 $N=4$, 那么质量临界指标 $p=p^*=8/N=2$ 等于经典的 Sobolev 临界指标. 在这种情形下, 尽管对于方程 (2.1.1), 依然有唯一的正解 ϕ_{p^*}, 但是此时 $\phi_{p^*}\notin L^2(\mathbb{R}^4)$, 并且上面处理 $1\le N\le 3$ 的方法不能进行. 从而当空间维数 $N=4$ 时, 必须重新定义 (3.1.4) 中的 $\widetilde{\beta}_{p^*}$.

一方面, 对于任意的 $\beta\in(0,\widetilde{\beta}_{p^*}]$ 和 $p^*=\frac{8}{N}=2$, 利用 (3.1.5), 对任意的 $u\in S_1$, 可得

$$\widetilde{E}^{\beta}_{p^*}(u)\ge\frac{(\widetilde{\beta}_{p^*}-\beta)}{4S^2}\left(\int_{\mathbb{R}^N}|\nabla u|^2\mathrm{d}x\right)^2\ge 0,$$

这结合 (3.2.5) 可以推出对于所有的 $\beta\le\widetilde{\beta}_{p^*}$, $\widetilde{d}_\beta(p^*)=0$.

另一方面, 对于任意 $\beta>\widetilde{\beta}_{p^*}$, 令

$$U(x)=\frac{2\sqrt{2}}{1+|x|^2},\ x\in\mathbb{R}^4.$$

由文献([72],定理 1.42) 可知, $U(x)$ 是 S 的极小可达元, 并且 $U(x)$ 满足

$$\int_{\mathbb{R}^4}|\nabla U(x)|^2\mathrm{d}x=\int_{\mathbb{R}^4}|U(x)|^4\mathrm{d}x=S^2, \tag{3.2.12}$$

其中 S 由 (3.1.5) 所定义. 选取 $\eta(x)\in C_0^\infty(\mathbb{R}^4)$ 和 $0\le\eta(x)\le 1$ 使得如果 $|x|\le 1$, 那么 $\eta(x)\equiv 1$, 如果 $|x|\ge 2$, 那么 $\eta(x)\equiv 0$, 且 $|\nabla\eta(x)|\le C_0$. 令

$$u_\tau(x)=A_\tau\tau^2\eta(x)U(\tau x),$$

其中 A_τ 的选取满足 $\|u_\tau\|_L^2=1$, 那么有

$$\int_{\mathbb{R}^4}|u_\tau(x)|^2\mathrm{d}x=A_\tau^2\int_{\mathbb{R}^4}\eta^2(\frac{x}{\tau})U^2(x)\mathrm{d}x=1. \tag{3.2.13}$$

因为 $U(x)\notin L^2(\mathbb{R}^4)$, 所以存在一个正常数 $M>0$ 使得

当 $\tau\to+\infty$ 时,

$$\int_{\mathbb{R}^4}\eta^2(\frac{x}{\tau})U^2(x)\mathrm{d}x\ge\int_{|x|\le\tau}U^2(x)\mathrm{d}x\to+\infty, \tag{3.2.14}$$

且

当 τ 充分大时,

$$\int_{\mathbb{R}^4}\eta^2(\frac{x}{\tau})U^2(x)\mathrm{d}x \le \int_{|x|\le 2\tau}U^2(x)\mathrm{d}x \le M\ln 2\tau. \tag{3.2.15}$$

从而由 (3.2.13) ~(3.2.15) 式可得

$$\text{当 } \tau \to +\infty \text{ 时, } A_\tau^2 \to 0, \text{ 且当 } \tau \text{ 充分大时, } A_\tau^2 \ln 2\tau \ge \frac{1}{M}. \tag{3.2.16}$$

进而利用 (3.2.12) 和 (3.2.16) 可得

$$\int_{\mathbb{R}^4} u_\tau^4(x)\mathrm{d}x = A_\tau^4\tau^4\int_{\mathbb{R}^4}\eta^4(\frac{x}{\tau})U^4(x)\mathrm{d}x \ge A_\tau^4\tau^4\int_{|x|\le\tau}U^4(x)\mathrm{d}x, \tag{3.2.17}$$

$$\begin{aligned}\int_{\mathbb{R}^4}|\nabla u_\tau(x)|^2\mathrm{d}x &= A_\tau^2\tau^4\int_{\mathbb{R}^4}|\nabla\eta(x)U(\tau x)+\tau\eta(x)\nabla U(\tau x)|^2\mathrm{d}x \\ &\le A_\tau^2\tau^2S^2 + O(A_\tau^2\tau).\end{aligned} \tag{3.2.18}$$

又因为 $\beta > \widetilde{\beta}_{p^*}$, 故由 (3.2.12) 和 (3.2.16)~(3.2.18) 可得

$$\begin{aligned}\widetilde{d}_\beta(p^*) \le \widetilde{E}_{p^*}^\beta(u_\tau) &\le \frac{a}{2}A_\tau^2\tau^2S^2 \\ &+ \frac{A_\tau^4\tau^4}{4}\left(bS^4 - \beta\int_{|x|\le\tau}U^4(x)\mathrm{d}x\right) + O(A_\tau^4\tau^3).\end{aligned} \tag{3.2.19}$$

那么, 根据 (3.2.12) 和 (3.2.16), 当 $\tau \to +\infty$ 时可得

$$\begin{cases} A_\tau^2\tau = A_\tau^2\ln 2\tau\frac{\tau}{\ln 2\tau} \to +\infty, \\ bS^4 - \beta\int_{|x|\le\tau}U^4(x)\mathrm{d}x \to S^2(bS^2-\beta) < 0. \end{cases} \tag{3.2.20}$$

因此, 利用 (3.2.19), (3.2.20) 且令 $\tau \to +\infty$, 对于任意的 $\beta > \widetilde{\beta}_{p^*}$, 有 $\widetilde{d}_\beta(p^*) = -\infty$. □

下面给出关于极小化问题 (3.1.2) 可达性的一般结论.

引理 3.2.3. 若位势 $V(x) \equiv 0$, $p \in (0, \frac{8}{N})$, $1 \leq N \leq 4$ 且 $\widetilde{d}_\beta(p) < 0$, 则问题 (3.1.2) 至少存在一个非负极小可达元.

证明. 令 $\{u_n\} \subset \widetilde{S}_1$ 为 $\widetilde{d}_\beta(p)$ 的任意极小化序列, 那么根据 (3.2.4) 和 $\widetilde{d}_\beta(p) < 0$. 易知 $\{u_n\}$ 在 $H^1(\mathbb{R}^N)$ 中是有界的. 此外, 由引理 2.2.3 可知, 存在一个非负的非增函数列 $\{u_n^*\} \subset H_r^1(\mathbb{R}^N)$, 使得该序列 $\{u_n^*\} \subset \widetilde{S}_1$ 仍是 $\widetilde{d}_\beta(p)$ 的极小化序列, 并且该序列 $\{u_n^*\}$ 在 $H_r^1(\mathbb{R}^N)$ 中依然是有界的, 进一步, 由引理 2.2.4 知, 存在 $\{u_n^*\}$ 一个子序列(不妨仍记为 $\{u_n^*\}$)和某个 $u_0 \in H_r^1(\mathbb{R}^N)$, 使得对于 $q \in (2, \frac{2N}{N-2})$ (若 $N \geq 3$), 或 $q \in (2, +\infty)$(若 $N = 1, 2$), 有

$$u_n^* \overset{n}{\rightharpoonup} u_0, \text{ 在 } H_r^1(\mathbb{R}^N) \text{ 中弱收敛}, \ u_n^* \overset{n}{\to} u_0 \text{ 在 } L^q(\mathbb{R}^N)\text{中强收敛}. \tag{3.2.21}$$

我们断言 $u_0 \neq 0$, 否则若 $u_0 \equiv 0$, 则对于 $p \in (0, \frac{8}{N})$, 由 (3.2.21) 式可得

$$\text{当 } n \to +\infty \text{ 时}, \int_{\mathbb{R}^N} |u_n^*|^{p+2} \mathrm{d}x \to 0. \tag{3.2.22}$$

那么, 由 (3.2.2) 的定义可得

$$0 \leq \lim_{k \to \infty} \left[\frac{a}{2} \int_{\mathbb{R}^N} |\nabla u_{n_k}^*|^2 \mathrm{d}x + \frac{b}{4} \left(\int_{\mathbb{R}^N} |\nabla u_{n_k}^*|^2 \mathrm{d}x \right)^2 \right] = \widetilde{d}_\beta(p) < 0.$$

显然上式是不成立的, 因此 $u_0 \neq 0$, 且由 (3.2.21) 式和范数的弱下半连续性可得

$$\widetilde{E}_p^\beta(u_0) \leq \lim_{n \to \infty} \widetilde{E}_p^\beta(u_n^*) = \widetilde{d}_\beta(p) < 0. \tag{3.2.23}$$

由 (3.2.23) 式和 $\widetilde{d}_\beta(p)$ 的定义知, 若要证 u_0 是 $\widetilde{d}_\beta(p)$ 的极小可达元, 还需证 $\|u_0\|_{L^2} = 1$. 令 $\gamma = \|u_0\|_{L^2}^2$, 则 $\gamma \in (0, 1]$, 且 $u_\gamma(x) := u_0(\gamma^{\frac{1}{N}} x) \in \widetilde{S}_1$. 因此,

由 (3.2.23) 式得

$$
\begin{aligned}
\widetilde{d}_\beta(p) &\le \widetilde{E}_p^\beta(u_\gamma) \\
&= \frac{a\gamma^{\frac{2}{N}-1}}{2}\int_{\mathbb{R}^N}|\nabla u_0|^2\mathrm{d}x + \frac{b\gamma^{\frac{4}{N}-2}}{4}\left(\int_{\mathbb{R}^N}|\nabla u_0|^2\mathrm{d}x\right)^2 \\
&\quad - \frac{\beta}{\gamma(p+2)}\int_{\mathbb{R}^N}|u_0|^{p+2}\mathrm{d}x \\
&= \frac{1}{\gamma}\left[\frac{a\gamma^{\frac{2}{N}}}{2}\int_{\mathbb{R}^N}|\nabla u_0|^2\mathrm{d}x + \frac{b\gamma^{\frac{4}{N}-1}}{4}\left(\int_{\mathbb{R}^N}|\nabla u_0|^2\mathrm{d}x\right)^2\right] \\
&\quad - \frac{\beta}{\gamma(p+2)}\int_{\mathbb{R}^N}|u_0|^{p+2}\mathrm{d}x \\
&\le \frac{1}{\gamma}\widetilde{E}_p^\beta(u_0) \le \frac{1}{\gamma}\widetilde{d}_\beta(p).
\end{aligned}
\tag{3.2.24}
$$

因为 $\widetilde{d}_\beta(p) < 0$, 所以由上式可得 $\frac{1}{\gamma} \le 1$, 从而有 $\gamma \ge 1$ 且 $\|u_0\|_{L^2} = 1$. 因此根据 (3.2.23) 式可得 u_0 是 $\widetilde{d}_\beta(p)$ 得极小可达元. 此外, 根据 $\widetilde{d}_\beta(p)$ 的定义, 可知 $|u_0|$ 也是一个极小可达元, 故我们可以假设 $\widetilde{d}_\beta(p)$ 有一个非负的极小可达元. □

3.2.2 定理 3.1.1 的证明

现在,我们开始证明我们的定理 3.1.1.

定理 3.1.1 的证明: (i) 当 $p \in (0, 8/N)$ 时, 对于任意的 $\beta \le \widetilde{\beta}_p$, 由引理 3.2.1 得 $\widetilde{d}_\beta(p) = 0$, 并且对于任意的 $\beta < \widetilde{\beta}_p$, $\widetilde{d}_\beta(p)$ 没有极小可达元. 如若不然, 则存在 $\beta < \widetilde{\beta}_p$ 使得 $\widetilde{d}_\beta(p)$ 有一个极小可达元 $u \in S_1$, 即 $\widetilde{E}_p^\beta(u) = \widetilde{d}_\beta(p) = 0$, 那么由 $\beta < \widetilde{\beta}_p$ 和 (3.2.1) 的定义可得

$$0 = \widetilde{d}_{\widetilde{\beta}_p}(p) \le \widetilde{E}_p^{\widetilde{\beta}_p}(u) < \widetilde{E}_p^\beta(u) = 0,$$

这显然不成立.

此外, 若 $p \in (0, 4/N]$, 我们断言当 $\beta = \widetilde{\beta}_p$ 时, $\widetilde{d}_\beta(p)$ 没有极小可达元. 事实上, 由 (3.1.3) 的定义可知当 $p \in (0, 4/N)$ 时, $\widetilde{\beta}_p = 0$; 而当 $p = 4/N$ 时, $\widetilde{\beta}_p > 0$. 如果 $\beta = \widetilde{\beta}_p = 0$ 且 $\widetilde{d}_\beta(p)$ 有一个极小可达元 u_0, 那么利用 (3.2.4) 和 $\widetilde{d}_\beta(p) = \widetilde{E}_p^\beta(u_0) = 0$ 可得 $u_0 \equiv 0$. 因为 $u_0 \in \widetilde{S}_1$, 这显然是不成立的. 另一方面, 对于 $p = \frac{4}{N}$, 可知当 $\beta = \widetilde{\beta}_p$ 时, $\widetilde{d}_\beta(p) = 0$. 从而如果存在某个 $u_0 \in \widetilde{S}_1$ 使得 $\widetilde{E}_p^\beta(u_0) = \widetilde{d}_\beta(p) = 0$, 那么根据 (2.1.2) 和 (3.1.3) 中当 $p = \frac{4}{N}$ 时的 $\widetilde{\beta}_p$ 的值, 可得

$$\begin{aligned} \frac{a}{2}\int_{\mathbb{R}^N} |\nabla u_0|^2 \mathrm{d}x + \frac{b}{4}\left(\int_{\mathbb{R}^N} |\nabla u_0|^2 \mathrm{d}x\right)^2 &= \frac{\beta}{2+\frac{4}{N}}\int_{\mathbb{R}^N} |u_0|^{2+\frac{4}{N}} \mathrm{d}x \\ &\le \frac{a}{2}\int_{\mathbb{R}^N} |\nabla u_0|^2 \mathrm{d}x, \end{aligned}$$

由此可以推出 $u_0 = 0$, 这显然和 $u_0 \in \widetilde{S}_1$ 相矛盾.

接下来证明问题 (3.1.2) 可达元的存在性.

当 $p \in (0, \frac{8}{N})$ 且 $\beta > \widetilde{\beta}_p$ 时, 由引理 3.2.1 和引理 3.2.3, 可以直接推出 $\widetilde{d}_\beta(p)$ 至少有一个非负的极小可达元. 当 $\beta = \widetilde{\beta}_p$ 时, 由引理 3.2.1 知 $\widetilde{d}_{\widetilde{\beta}_p}(p) = 0$, 并且可以证明, 如果 $p \in (\frac{4}{N}, \frac{8}{N})$, 那么 $\widetilde{d}_{\widetilde{\beta}_p}(p) = 0$ 有一个极小可达元.

对于任意的 $1 \le n \in \mathbb{Z}$, 令 $\beta_n = \widetilde{\beta}_p + \frac{1}{n} > \widetilde{\beta}_p$, 那么对每个 β_n, 引理 3.2.1 和 3.2.3 告诉我们存在一个 $u_n \in \widetilde{S}_1$ 使得

$$\widetilde{d}_{\beta_n}(p) = \widetilde{E}_p^{\beta_n}(u_n) < 0, \tag{3.2.25}$$

且 $\{u_n\}$ 在 $H^1(\mathbb{R}^N)$ 中是有界的. 从而根据引理 2.2.3 和引理 2.2.4 知存在 $u_n^* \in H_r^1(\mathbb{R}^N) \cap \widetilde{S}_1$ 使得 u_n^* 是 $\widetilde{d}_{\beta_n}(p)$ 的极小可达元, 并且 $\{u_n^*\} \subset H_r^1(\mathbb{R}^N)$ 也是一个有界序列. 因此存在 $u_0 \in H_r^1(\mathbb{R}^N)$ 使得对于 $q \in (2, \frac{2N}{N-2})(N \ge 3)$,

或 $q \in (2, +\infty)(N = 1, 2)$, 有

$$u_n^* \overset{n}{\rightharpoonup} u_0 \text{ 在 } H_r^1(\mathbb{R}^N) \text{ 中弱收敛},\ u_n^* \overset{n}{\to} u_0 \text{ 在 } L^q(\mathbb{R}^N) \text{ 中强收敛}. \tag{3.2.26}$$

因为 $\beta_n = \widetilde{\beta}_p + \frac{1}{n}$, 由 $\widetilde{E}_p^{\beta_n}(u_n^*)$ 的定义以及 (3.2.25) 可得

$$\widetilde{d}_{\widetilde{\beta}_p}(p) - \frac{1}{n(p+2)} \int_{\mathbb{R}^N} |u_n^*|^{p+2} \mathrm{d}x \le \widetilde{E}_p^{\beta_n}(u_n^*) = \widetilde{d}_{\beta_n}(p) < 0. \tag{3.2.27}$$

注意到根据引理 3.2.1 可得 $\widetilde{d}_{\widetilde{\beta}_p}(p) = 0$, 从而由 (3.2.27) 得

$$\text{当 } n \to +\infty \text{ 时},\ \widetilde{d}_{\beta_n}(p) \to 0. \tag{3.2.28}$$

对于由 (3.2.26) 给定的 u_0, 我们断言 $u_0 \neq 0$. 否则, 若当 $n \to \infty$ 时, $\int_{\mathbb{R}^N} |u_n^*|^{p+2} \mathrm{d}x \to 0$. 那么由 (3.2.28) 知当 $n \to \infty$ 时, $\frac{a}{2}\int_{\mathbb{R}^N} |\nabla u_n^*|^2 \mathrm{d}x + \frac{b}{4}\left(\int_{\mathbb{R}^N} |\nabla u_n^*|^2 \mathrm{d}x\right)^2 \to 0$, 这意味着 $n \to \infty$ 时, $\int_{\mathbb{R}^N} |\nabla u_n^*|^2 \mathrm{d}x \to 0$. 因此, 在 (3.2.4) 中取 u_n^* 以及 β_n, 由 $1 < Np/4 < 2$ 知对于充分大的 n 有 $\widetilde{d}_{\beta_n}(p) = \widetilde{E}_p^{\beta_n}(u_n^*) > 0$, 这显然和 (3.2.27) 相矛盾, 从而 $u_0 \neq 0$. 此外, 由 (3.2.26) 知 $0 < \|u_0\|_{L^2} \le 1$ 且

$$\widetilde{E}_p^{\widetilde{\beta}_p}(u_0) \le \varliminf_{n\to\infty} \widetilde{E}_p^{\beta_n}(u_n^*) = 0. \tag{3.2.29}$$

令 $\gamma = \|u_0\|_{L^2}^2$, 则 $\gamma \in (0, 1]$ 且 $u_\gamma(x) := u_0(\gamma^{\frac{1}{N}} x) \in \widetilde{S}_1$. 若 $\gamma \neq 1$, 即 $0 < \gamma < 1$, 那么类似 (3.2.24) 的推导过程, 根据 $\gamma < 1$ 以及 (3.2.29) 可知

$$\begin{aligned}
\widetilde{d}_{\widetilde{\beta}_p}(p) &\le \widetilde{E}_p^{\widetilde{\beta}_p}(u_\gamma) \\
&= \frac{1}{\gamma}\Big[\frac{a\gamma^{\frac{2}{N}}}{2} \int_{\mathbb{R}^N} |\nabla u_0|^2 \mathrm{d}x + \frac{b\gamma^{\frac{4}{N}-1}}{4}\left(\int_{\mathbb{R}^N} |\nabla u_0|^2 \mathrm{d}x\right)^2 \\
&\quad - \frac{\widetilde{\beta}_p}{p+2}\int_{\mathbb{R}^N} |u_0|^{p+2} \mathrm{d}x\Big] \\
&< \frac{1}{\gamma}\widetilde{E}_p^{\widetilde{\beta}_p}(u_0) \le 0.
\end{aligned}$$

这意味着 $\widetilde{d}_{\widetilde{\beta}_p}(p) < 0$. 而由引理 3.2.1 知 $\widetilde{d}_{\widetilde{\beta}_p}(p) = 0$, 两者显然是矛盾的, 从而 $\|u_0\|_{L^2} = \gamma = 1$, 并且根据 (3.2.29), 可得 u_0 是 $\widetilde{d}_{\widetilde{\beta}_p}(p)(= 0)$ 的极小可达元.

若 u 是 $\widetilde{d}_\beta(p)$ 的极小可达元, 易知存在一个适当的拉格朗日乘子 $\lambda \in \mathbb{R}$ 满足

$$-\left(a + b\int_{\mathbb{R}^N} |\nabla u|^2 \mathrm{d}x\right) \Delta u = \beta |u|^p u + \lambda u.$$

因为 $\|u\|_{L^2} = 1$, 在上面方程的两边同时乘以 u 并积分, 可得

$$\lambda = a\int_{\mathbb{R}^N} |\nabla u|^2 \mathrm{d}x + b\left(\int_{\mathbb{R}^N} |\nabla u|^2 \mathrm{d}x\right)^2 - \beta\int_{\mathbb{R}^N} |u|^{p+2} \mathrm{d}x. \tag{3.2.30}$$

此外, u 满足下面的 Pohozaev 恒等式(Li etal.,2014)

$$\frac{a(N-2)}{2}\int_{\mathbb{R}^N} |\nabla u|^2 \mathrm{d}x + \frac{b(N-2)}{2}\left(\int_{\mathbb{R}^N} |\nabla u|^2 \mathrm{d}x\right)^2 - \frac{\beta N}{p+2}\int_{\mathbb{R}^N} |u|^{p+2} \mathrm{d}x$$
$$= \frac{N}{2}\lambda,$$

上式结合 (3.2.30) 可得

$$\lambda = \frac{(N-2)\beta p - 4\beta}{2(p+2)}\int_{\mathbb{R}^N} |u|^{p+2} \mathrm{d}x < 0.$$

这意味着, 对于某些合适的 $\lambda < 0$, 问题 (3.1.1) 有一个非负的解 $u \geq 0$, 并且该解满足 $\|u\|_{L^2} = 1$. 此外由强极值原理可知 $u > 0$.

(ii) 对于 $p = \frac{8}{N}$, 根据引理 3.2.2, 易知对于任意的 $\beta > \widetilde{\beta}_{p^*}$, $\widetilde{d}_\beta(p^*)$ 不存在极小可达元. 从而要完成 (ii) 的证明, 只需证明对于$\beta \leq \widetilde{\beta}_{p^*}$, $\widetilde{d}_\beta(p^*)$ 不可达即可.

假设存在 $\beta \leq \widetilde{\beta}_{p^*}$ 使得 $\widetilde{d}_\beta(p^*)$ 有极小可达元 $u_0 \in \widetilde{S}_1$. 那么由 (3.1.5) 式(若 $N = 4$), 或 (2.1.2) 式(若 $N \leq 3$)以及 $\widetilde{d}_\beta(p^*) = 0$(引理 3.2.2)可得

$$\frac{a}{2}\int_{\mathbb{R}^N} |\nabla u_0|^2 \mathrm{d}x + \frac{b}{4}\left(\int_{\mathbb{R}^N} |\nabla u_0|^2 \mathrm{d}x\right)^2 = \frac{\beta}{2+\frac{8}{N}}\int_{\mathbb{R}^N} |u_0|^{2+\frac{8}{N}} \mathrm{d}x$$
$$\leq \frac{b}{4}\left(\int_{\mathbb{R}^N} |\nabla u_0|^2 \mathrm{d}x\right)^2,$$

这意味着 $u_0 \equiv 0$, 这显然是不成立的. 因此对于任意的 $\beta \leq \widetilde{\beta}_{p^*}$, $\widetilde{d}_\beta(p^*)$ 也不存在极小可达元. □

3.3 位势 $V(x) \not\equiv 0$ 的情形

3.3.1 定理 3.1.2~3.1.4 的证明

定理 3.1.2 的证明: 对于任意给定的 $\beta > 0, 0 < p < p^*$ 以及 $u \in S_1$, 由 (3.1.8) 式和 (2.1.2) 式可得

$$\begin{aligned} E_p^\beta(u) =& \frac{a}{2}\int_{\mathbb{R}^N}|\nabla u|^2\mathrm{d}x + \frac{b}{4}\left(\int_{\mathbb{R}^N}|\nabla u|^2\mathrm{d}x\right)^2 + \frac{1}{2}\int_{\mathbb{R}^N}V(x)u^2\mathrm{d}x \\ &- \frac{\beta}{p+2}\int_{\mathbb{R}^N}|u|^{p+2}\mathrm{d}x \\ \geq& \frac{a}{2}\int_{\mathbb{R}^N}|\nabla u|^2\mathrm{d}x + \frac{b}{4}\left(\int_{\mathbb{R}^N}|\nabla u|^2\mathrm{d}x\right)^2 + \frac{1}{2}\int_{\mathbb{R}^N}V(x)u^2\mathrm{d}x \\ &- \frac{\beta}{2\|\phi_p\|_{L^2}^p}\left(\int_{\mathbb{R}^N}|\nabla u|^2\mathrm{d}x\right)^{\frac{Np}{4}}. \end{aligned} \tag{3.3.1}$$

因为 $0 < \frac{Np}{4} < 2$, 利用 (3.3.1) 式, 易知 $d_\beta(p) > -\infty$. 令 $\{u_n\}$ 为 $d_\beta(p)$ 的任意极小化序列, 则不难知道序列 $\{u_n\}$ 在 $\mathcal{H}$ 中是有界的. 那么由引理 2.2.1 知, 在子列的意义下, 存在 $u \in S_1$ 使得当 $n \to \infty$ 时有

$$u_n \rightharpoonup u \text{ 在 } \mathcal{H} \text{ 中弱收敛, 且对于 } q \in [2, 2^*),\ u_n \to u \text{ 在 } L^q(\mathbb{R}^N) \text{ 中强收敛,}$$

且

$$\left(\int_{\mathbb{R}^N}|\nabla u|^2\mathrm{d}x\right)^2 \leq \liminf_{n\to\infty}\left(\int_{\mathbb{R}^N}|\nabla u_n|^2\mathrm{d}x\right)^2.$$

因此,

$$d_\beta(p) = \liminf_{n\to\infty} E_p^\beta(u_n) \geq E_p^\beta(u) \geq d_\beta(p).$$

从而, 对于所有的 $\beta > 0$, u 是 $d_\beta(p)$ 的一个极小可达元. □

定理 3.1.3 的证明:　(i) 令 $p = p^* = 8/N$, 在 (3.3.1) 中取 $u \in S_1$, 根据 β_{p^*} 的定义和 (2.1.2), 由嵌入引理 2.2.1 和 $\beta \in (0, \beta_{p^*}]$, 易知存在正常数 $c > 0$ 使得

$$\begin{aligned}E_{p^*}^{\beta}(u) &\geq \frac{a}{2}\int_{\mathbb{R}^N}|\nabla u|^2\mathrm{d}x + \frac{1}{2}\int_{\mathbb{R}^N}V(x)u^2\mathrm{d}x \\ &\quad + \frac{\beta_{p^*}-\beta}{2\|\phi_{p^*}\|_{L^2}^{p^*}}\left(\int_{\mathbb{R}^N}|\nabla u|^2\mathrm{d}x\right)^2 \\ &\geq \frac{a}{2}\int_{\mathbb{R}^N}|\nabla u|^2\mathrm{d}x + \frac{1}{2}\int_{\mathbb{R}^N}V(x)u^2\mathrm{d}x \geq c\|u\|_{L^2}^2 = c > 0,\end{aligned} \tag{3.3.2}$$

上式证明了 $d_\beta(p^*) > 0$. 现在我们来证明对于所有的 $\beta \in (0, \beta_{p^*}]$, $d_\beta(p^*)$ 是可达的. 事实上,令 $\{u_n\}$ 为 $d_\beta(p^*)$ 的任意极小化序列, 则由 (3.3.2) 知 $\{u_n\}$ 在 $\mathcal{H}$ 中是有界的. 同时, 类似于定理 3.1.2 的证明过程, 序列 $\{u_n\}$ 在 $\mathcal{H}$ 中弱收敛到某个 $u \in S_1$, 因此

$$d_\beta(p^*) = \liminf_{n\to\infty} E_{p^*}^{\beta}(u_n) \geq E_{p^*}^{\beta}(u) \geq d_\beta(p^*).$$

从而, 对于所有的 $\beta \in (0, \beta_{p^*}]$, $d_\beta(p^*)$ 是可达的.

(ii) 选取 $\varphi(x) \in C_0^\infty(\mathbb{R}^N)$ 且 $0 \leq \varphi(x) \leq 1$, 使得若 $|x| \leq 1$, $\varphi(x) \equiv 1$, 若 $|x| \geq 2$, $\varphi(x) \equiv 0$, 且 $|\nabla\varphi(x)| \leq 2$, 则对任给的 $x_0 \in \mathbb{R}^N$, 我们定义

$$u_\tau = \frac{A_\tau \tau^{\frac{N}{2}}}{\|\phi_{p^*}\|_{L^2}}\varphi(x-x_0)\phi_{p^*}(\tau(x-x_0)),$$

其中 $A_\tau > 0$ 的选取满足 $\|u_\tau\|_{L^2} = 1$. 那么由 ϕ_{p^*} (Gidas etal.,1981)的指数衰退性, 可得

$$\text{当 } \tau \to \infty \text{ 时, } \frac{1}{A_\tau^2} = 1 + \frac{1}{\|\phi_{p^*}\|_{L^2}^2}\int_{\mathbb{R}^N}\left(\varphi^2(\frac{x}{\tau}) - 1\right)\phi_{p^*}^2(x)\mathrm{d}x \to 1.$$

从而 $A_\tau \geq 1$ 且 $\lim\limits_{\tau\to+\infty} A_\tau = 1$. 此外由 (3.1.8) 式和 (2.1.3) 式可得

$$\begin{aligned}\int_{\mathbb{R}^N} |\nabla u_\tau|^2 \mathrm{d}x =& \frac{A_\tau^2 \tau^N}{\|\phi_{p^*}\|_{L^2}^2} \int_{\mathbb{R}^N} |\nabla \varphi(x-x_0)\phi_{p^*}(\tau(x-x_0)) \\ &+ \tau\varphi(x-x_0)\nabla\phi_{p^*}(\tau(x-x_0))|^2 \mathrm{d}x \\ =& A_\tau^2\tau^2 + O(\tau^{-\infty}),\end{aligned} \tag{3.3.3}$$

$$\begin{aligned}\int_{\mathbb{R}^N} |u_\tau|^{p^*+2}\mathrm{d}x =& \frac{A_\tau^{p^*+2}\tau^{N+4}}{\|\phi_{p^*}\|_{L^2}^{p^*+2}} \int_{\mathbb{R}^N} \varphi^{p^*+2}(x-x_0) \\ &\cdot \phi_{p^*}^{p^*+2}(\tau(x-x_0))\mathrm{d}x \\ =& \frac{bA_\tau^{p^*+2}\tau^4(p^*+2)}{4\beta_{p^*}} + O(\tau^{-\infty}),\end{aligned} \tag{3.3.4}$$

$$\begin{aligned}\int_{\mathbb{R}^N} V(x)u_\tau^2\mathrm{d}x =& \frac{A_\tau^2\tau^N}{\|\phi_{p^*}\|_{L^2}^2} \int_{\mathbb{R}^N} V(x)\varphi^2(x-x_0)\phi_{p^*}^2(\tau(x-x_0))\mathrm{d}x \\ =& \frac{A_\tau^2}{\|\phi_{p^*}\|_{L^2}^2}\int_{\mathbb{R}^N} V(\frac{x}{\tau}+x_0)\varphi^2(\frac{x}{\tau})\phi_{p^*}^2(x)\mathrm{d}x \\ =& V(x_0)+o(1).\end{aligned} \tag{3.3.5}$$

这里以及本节后面的内容中 $O(\tau^{-\infty})$ 表示

$$?\text{œ}\ s>0,\ \lim_{\tau\to\infty} |O(\tau^{-\infty})\tau^s| = 0.$$

因为 $\beta > \beta_{p^*}$ 和 $A_\tau \geq 1$, 利用 (3.3.3)~(3.3.5) 式可得, 当 $\tau\to\infty$ 时有

$$\begin{aligned}d_\beta(p^*) \leq E_{p^*}^\beta(u_\tau) =& \frac{a}{2}A_\tau^2\tau^2 + \frac{b}{4}\tau^4\left(A_\tau^4 - \frac{\beta}{\beta_{p^*}}A_\tau^{p^*+2}\right) + \frac{1}{2}V(x_0)+o(1) \\ &+ O(\tau^{-\infty}) \to -\infty.\end{aligned}$$

故当 $\beta > \beta_{p^*}$ 时, $d_\beta(p^*) = -\infty$. 所以若 $\beta > \beta_{p^*}$, 那么 $d_\beta(p^*)$ 不存在极小可达元. □

定理 3.1.4 的证明: 令 $u_p \geq 0$ 为问题 (3.1.2) 的任意极小可达元, 由

(3.1.8) 式和 (2.1.2) 式可得

$$\begin{aligned}&\frac{a}{2}\int_{\mathbb{R}^N}|\nabla u_p|^2\mathrm{d}x+\frac{b}{4}\left(\int_{\mathbb{R}^N}|\nabla u_p|^2\mathrm{d}x\right)^2+\frac{1}{2}\int_{\mathbb{R}^N}V(x)u_p^2\mathrm{d}x\\&=d_\beta(p)+\frac{\beta}{p+2}\int_{\mathbb{R}^N}|u_p|^{p+2}\mathrm{d}x\\&\le d_\beta(p)+\frac{b\beta}{4\beta_p}\left(\int_{\mathbb{R}^N}|\nabla u_p|^2\mathrm{d}x\right)^{\frac{Np}{4}}.\end{aligned}\tag{3.3.6}$$

因为 $\beta>0$, 由 $d_\beta(p)$ 和 $E_p^\beta(\cdot)$ 的定义, 易知对任意 $\xi(x)\in C_0^\infty(\mathbb{R}^N)\cap S_1$ 有

$$d_\beta(p)\le E_p^\beta(\xi)\le\frac{a}{2}\int_{\mathbb{R}^N}|\nabla\xi|^2\mathrm{d}x+\frac{b}{4}\left(\int_{\mathbb{R}^N}|\nabla\xi|^2\mathrm{d}x\right)^2+\frac{1}{2}\int_{\mathbb{R}^N}V(x)\xi^2\mathrm{d}x=C,$$

其中 C 不依赖于 p 的选取. 由上式可得

$$\frac{b}{4}\left(\int_{\mathbb{R}^N}|\nabla u_p|^2\mathrm{d}x\right)^2\le C+\frac{b\beta}{4\beta_p}\left(\int_{\mathbb{R}^N}|\nabla u_p|^2\mathrm{d}x\right)^{\frac{Np}{4}}.\tag{3.3.7}$$

由此可以推出存在某正常数 $M>0$ 使得

$$\limsup_{p\nearrow p^*}\int_{\mathbb{R}^N}|\nabla u_p|^2\mathrm{d}x\le M.\tag{3.3.8}$$

否则, 如果上式不成立, 那么存在当 $n\to\infty$ 时, $p_n\nearrow p^*$ 的序列 $\{p_n\}$, 使得当 $n\to\infty$ 时, $\int_{\mathbb{R}^N}|\nabla u_{p_n}|^2\mathrm{d}x\to\infty$ 成立. 因为 $2=\frac{Np^*}{4}>\frac{Np_n}{4}$ 以及 $\beta\in(0,\beta_{p^*})$, 从而当 p_n 靠近 p^* 时, 利用 (3.3.7) 式可得

$$\frac{b}{4}\le\lim_{p_n\nearrow p^*}\frac{b}{4}\left(\int_{\mathbb{R}^N}|\nabla u_p|^2\mathrm{d}x\right)^{\frac{N}{4}(p^*-p)}\le\frac{b\beta}{4\beta_{p^*}}<\frac{b}{4},$$

这显然是不成立的. 因此, (3.3.8) 式成立, 同时再次利用 (3.3.6) 式可得 $\{u_p\}$ 在 $\mathcal{H}$ 中是有界的. 所以在子列的意义下, 存在某个 $u_0\in\mathcal{H}$ 使得当 $p\nearrow p^*$ 时, 有

$u_p\rightharpoonup u_0$ 在 $\mathcal{H}$ 中弱收敛, 且对于$q\in[2,2^*)$, $u_p\to u_0$ 在 $L^q(\mathbb{R}^N)$ 中强收敛.

由 Hölder 不等式可得

$$\int_{\mathbb{R}^N}|u_p|^{p+2}\mathrm{d}x\le\left(\int_{\mathbb{R}^N}|u_p|^2\mathrm{d}x\right)^{\frac{p^*-p}{p^*}}\left(\int_{\mathbb{R}^N}|u_p|^{p^*+2}\mathrm{d}x\right)^{\frac{p}{p^*}}.$$

因为 $N<4$ 以及 $p^*+2<2^*$,且 u_p 是 (3.1.2) 式的极小可达元, 那么

$$\begin{aligned}
&\liminf_{p\nearrow p^*} d_\beta(p)\\
=&\liminf_{p\nearrow p^*}\left\{\frac{a}{2}\int_{\mathbb{R}^N}|\nabla u_p|^2\mathrm{d}x+\frac{b}{4}\left(\int_{\mathbb{R}^N}|\nabla u_p|^2\mathrm{d}x\right)^2\right.\\
&\left.+\frac{1}{2}\int_{\mathbb{R}^N}V(x)u_p^2\mathrm{d}x-\frac{\beta}{p+2}\int_{\mathbb{R}^N}|u_p|^{p+2}\mathrm{d}x\right\}\\
\geq&\liminf_{p\nearrow p^*}\left\{\frac{a}{2}\int_{\mathbb{R}^N}|\nabla u_p|^2\mathrm{d}x+\frac{b}{4}\left(\int_{\mathbb{R}^N}|\nabla u_p|^2\mathrm{d}x\right)^2\right.\\
&\left.+\frac{1}{2}\int_{\mathbb{R}^N}V(x)u_p^2\mathrm{d}x-\frac{\beta}{p+2}\left(\int_{\mathbb{R}^N}|u_p|^{p^*+2}\mathrm{d}x\right)^{\frac{p}{p^*}}\right\}\\
\geq&\frac{a}{2}\int_{\mathbb{R}^N}|\nabla u_0|^2\mathrm{d}x+\frac{b}{4}\left(\int_{\mathbb{R}^N}|\nabla u_0|^2\mathrm{d}x\right)^2\\
&+\frac{1}{2}\int_{\mathbb{R}^N}V(x)u_0^2\mathrm{d}x-\frac{\beta}{p^*+2}\int_{\mathbb{R}^N}|u_0|^{p^*+2}\mathrm{d}x\\
=&E_{p^*}^\beta(u_0)\geq d_\beta(p^*).
\end{aligned}\tag{3.3.9}$$

然而, 根据 d_β 的定义, 我们知对任意的 $\epsilon>0$, 存在 $u_\epsilon\in S_1$ 使得

$$E_{p^*}^\beta(u_\epsilon)\leq d_\beta(p^*)+\epsilon.$$

因此,

$$\begin{aligned}
\limsup_{p\nearrow p^*} d_\beta(p)\leq&\limsup_{p\nearrow p^*}E_p^\beta(u_\epsilon)\\
=&\limsup_{p\nearrow p^*}\left\{\frac{a}{2}\int_{\mathbb{R}^N}|\nabla u_\epsilon|^2\mathrm{d}x+\frac{b}{4}\left(\int_{\mathbb{R}^N}|\nabla u_\epsilon|^2\mathrm{d}x\right)^2\right.\\
&\left.+\frac{1}{2}\int_{\mathbb{R}^N}V(x)u_\epsilon^2\mathrm{d}x-\frac{\beta}{p+2}\int_{\mathbb{R}^N}|u_\epsilon|^{p+2}\mathrm{d}x\right\}
\end{aligned}$$

$$
\begin{aligned}
&= E_{p^*}^{\beta}(u_\epsilon) + \limsup_{p\nearrow p^*}\left\{\frac{\beta}{p^*+2}\int_{\mathbb{R}^N}|u_\epsilon|^{p^*+2}\mathrm{d}x\right.\\
&\quad\left.-\frac{\beta}{p+2}\int_{\mathbb{R}^N}|u_\epsilon|^{p+2}\mathrm{d}x\right\}\\
&\le d_\beta(p^*)+\epsilon.
\end{aligned}
$$

所以结合 (3.3.9) 式并让 $\epsilon\to 0$ 有

$$
\lim_{p\nearrow p^*} d_\beta(p) = d_\beta(p^*) = E_{p^*}^{\beta}(u_0),
$$

这就证明了 u_0 是 $d_\beta(p^*)$ 的极小可达元. 此外, 当 $p\nearrow p^*$ 时, $u_p\to u_0$ 在 $\mathcal{H}$ 中强收敛, 这样就完成了定理 3.1.4 的证明. □

3.3.2 $V(x)\equiv 0$ 时的能量估计及一些引理

引理 3.3.1. 对于 $p\in(0,p^*)$ 和 (3.1.8) 式所定义的 β_p, 令 $\widetilde{d}_\beta(p)$ 由 (3.2.1) 式所给出, 则对于任意给定的 $\beta>\beta_{p^*}$ 和空间维数 $1\le N\le 3$ 有

$$
\widetilde{d}_\beta(p) = -\frac{b(p^*-p)}{4p}\left(\frac{\beta p}{\beta_p p^*}\right)^{\frac{p^*}{p^*-p}}(1+o(1)),\quad 且当 p\nearrow p^* 时, \widetilde{d}_\beta(p)\to-\infty.
$$

证明. 任取 $u\in\widetilde{S}_1$, 则由 (3.1.8) 式和 (2.1.2) 式可得

$$
\begin{aligned}
\widetilde{E}_p^{\beta}(u) &= \frac{a}{2}\int_{\mathbb{R}^N}|\nabla u|^2\mathrm{d}x + \frac{b}{4}\left(\int_{\mathbb{R}^N}|\nabla u|^2\mathrm{d}x\right)^2\\
&\quad-\frac{\beta}{p+2}\int_{\mathbb{R}^N}|u|^{p+2}\mathrm{d}x\\
&\ge\frac{b}{4}\left(\int_{\mathbb{R}^N}|\nabla u|^2\mathrm{d}x\right)^2-\frac{\beta}{2\|\phi_p\|_{L^2}^p}\left(\int_{\mathbb{R}^N}|\nabla u|^2\mathrm{d}x\right)^{\frac{Np}{4}}\\
&=\frac{b}{4}\left(\int_{\mathbb{R}^N}|\nabla u|^2\mathrm{d}x\right)^2-\frac{b\beta}{4\beta_p}\left(\int_{\mathbb{R}^N}|\nabla u|^2\mathrm{d}x\right)^{\frac{Np}{4}}.
\end{aligned}
\tag{3.3.10}
$$

记

$$
\left(\int_{\mathbb{R}^N}|\nabla u|^2\mathrm{d}x\right)^2 = r \quad 和 \quad h(r)\triangleq\frac{b}{4}r-\frac{b\beta}{4\beta_p}r^{\frac{p}{p^*}}\,(r>0),
\tag{3.3.11}
$$

通过简单的计算，可知函数 h 有唯一的极小值点 $r := r_p$，且有如下具体表达式

$$r_p \triangleq \left(\frac{\beta p}{\beta_p p^*}\right)^{\frac{p^*}{p^*-p}}. \tag{3.3.12}$$

这意味着

$$h(r) \geq h(r_p) = -\frac{b(p^*-p)}{4p}\left(\frac{\beta p}{\beta_p p^*}\right)^{\frac{p^*}{p^*-p}}. \tag{3.3.13}$$

同时, 由 (3.3.10) 式和 (3.3.13) 式可得

$$\widetilde{d}_\beta(p) \geq -\frac{b(p^*-p)}{4p}\left(\frac{\beta p}{\beta_p p^*}\right)^{\frac{p^*}{p^*-p}}.$$

上式给出了 $\widetilde{d}_\beta(p)$ 的下界, 接下来估计 $\widetilde{d}_\beta(p)$ 的上界.

对于任意的 $t>0$, 定义 $u_t = \frac{t^{\frac{N}{2}}\phi_p(tx)}{\|\phi_p\|_{L^2}}$, 则 $\int_{\mathbb{R}^N} u_t^2 \mathrm{d}x = 1$. 类似于 (3.2.7) 式和 (3.2.8) 式, 可以得到如下结果

$$\widetilde{E}_p^\beta(u_t) = \frac{a}{2}t^2 + \frac{b}{4}t^4 - \frac{b\beta}{4\beta_p}\left(t^4\right)^{\frac{p}{p^*}}.$$

选取 $t^4 = \left(\frac{\beta p}{\beta_p p^*}\right)^{\frac{p^*}{p^*-p}}$, 则

$$\widetilde{E}_p^\beta(u_t) = \frac{a}{2}\left(\frac{\beta p}{\beta_p p^*}\right)^{\frac{p^*}{2(p^*-p)}} - \frac{b(p^*-p)}{4p}\left(\frac{\beta p}{\beta_p p^*}\right)^{\frac{p^*}{p^*-p}}. \tag{3.3.14}$$

由 (3.1.9) 式可得当 $p \nearrow p^*$ 时,

$$\frac{\frac{a}{2}\left(\frac{\beta p}{\beta_p p^*}\right)^{\frac{p^*}{2(p^*-p)}}}{\frac{b(p^*-p)}{4p}\left(\frac{\beta p}{\beta_p p^*}\right)^{\frac{p^*}{p^*-p}}} \to 0.$$

上式结合 (3.3.14) 式可得

$$\widetilde{d}_\beta(p) \leq \widetilde{E}_p^\beta(u_t) = -\frac{b(p^*-p)}{4p}\left(\frac{\beta p}{\beta_p p^*}\right)^{\frac{p^*}{p^*-p}}(1+o(1)),$$

那么就完成了该引理的证明. □

在证明定理 3.1.5 之前, 需要对 $\widetilde{d}_\beta(p)$ 的极小能量进行估计, 由引理 3.2.3 和引理 3.3.1, 可知对于给定的 $\beta > \beta_{p^*}$, 当 p 靠近 p^* 时, $\widetilde{d}_\beta(p)$ 有极小可达元, 那么有下面的引理.

引理 3.3.2. 对于 $1 \le N \le 3$, 令 $\beta > \beta_{p^*}$ 以及 $\widetilde{u}_p \ge 0$ 为 $\widetilde{d}_\beta(p)$ 的任意极小可达元, 那么

$$\left(\int_{\mathbb{R}^N} |\nabla \widetilde{u}_p|^2 \mathrm{d}x\right)^2 \approx \frac{4\beta}{b(p+2)} \int_{\mathbb{R}^N} |\widetilde{u}_p|^{p+2} \mathrm{d}x \approx \left(\frac{\beta p}{\beta_p p^*}\right)^{\frac{p^*}{p^*-p}} \triangleq r_p, \quad (3.3.15)$$

这里和以下内容中用 $m \approx n$ 表示当 $p \nearrow p^*$ 时, $\frac{m}{n} \to 1$.

证明. 和 (3.3.11) 式类似的定义, 令 $h(r) \triangleq \frac{b}{4}r - \frac{b\beta}{4\beta_p} r^{\frac{p}{p^*}}$.

下面采用反证法来证明该引理. 如果存在某个$\theta \ge 0$, 使得当$p \nearrow p^*$时有

$$\frac{\left(\int_{\mathbb{R}^N} |\nabla \widetilde{u}_p|^2 \mathrm{d}x\right)^2}{r_p} \to \theta,$$

那么, 下面我们将证明如果 $\theta \in [0,1)$, 或 $\theta > 1$ 是不成立的.

事实上, 如果 $\theta \in [0,1)$, 那么存在 $\epsilon > 0$ 使得 $\delta \triangleq \theta + \epsilon < 1$, 且当 $p \nearrow p^*$ 时, $\frac{\left(\int_{\mathbb{R}^N} |\nabla \widetilde{u}_p|^2 \mathrm{d}x\right)^2}{r_p} \le \delta$. 因此, 对于任意的 $\delta \in (0,1)$ 有

$$\begin{aligned}\lim_{p \nearrow p^*} \frac{h(\delta r_p)}{h(r_p)} &= \lim_{p \nearrow p^*} \frac{\delta r_p - \frac{\beta}{\beta_p}(\delta r_p)^{\frac{p}{p^*}}}{r_p - \frac{\beta}{\beta_p}(r_p)^{\frac{p}{p^*}}} = \lim_{p \nearrow p^*} \frac{p^* \delta^{\frac{p}{p^*}} - p\delta}{p^* - p} \\ &= \delta(1 - \ln\delta) \in (0,1).\end{aligned}$$

当 p 靠近 p^* 时, 因为 $\left(\int_{\mathbb{R}^N} |\nabla \widetilde{u}_p|^2 \mathrm{d}x\right)^2 \le \delta r_p$ 以及 $h(r)$ 有一个唯一的极小点 r_p, 由函数 h 的这些性质可以推出 $0 > \widetilde{d}_\beta(p) \ge h(\delta r_p)$. 从而可得

$$\lim_{p \nearrow p^*} \frac{\widetilde{d}_\beta(p)}{h(r_p)} \le \lim_{p \nearrow p^*} \frac{h(\delta r_p)}{h(r_p)} = \delta(1 - \ln\delta) < 1,$$

这显然和引理 3.3.1相矛盾.

类似的, 如果 $\theta > 1$, 同样可以推出矛盾.

因此, 当 $p \nearrow p^*$ 时, $\frac{\left(\int_{\mathbb{R}^N} |\nabla \widetilde{u}_p|^2 \mathrm{d}x\right)^2}{r_p} \to 1$. 此外由 (3.1.9) 式, 可知当 $p \nearrow p^*$ 时, $r_p \to +\infty$. 那么当 $p \nearrow p^*$ 时有

$$\frac{\int_{\mathbb{R}^N} |\nabla \widetilde{u}_p|^2 \mathrm{d}x}{r_p} = \frac{\left(\int_{\mathbb{R}^N} |\nabla \widetilde{u}_p|^2 \mathrm{d}x\right)^2}{r_p} \cdot \frac{1}{\int_{\mathbb{R}^N} |\nabla \widetilde{u}_p|^2 \mathrm{d}x} \to 0.$$

最后, 因为

$$\begin{aligned}\frac{\widetilde{d}_\beta(p)}{r_p} = &\frac{a}{2r_p} \int_{\mathbb{R}^N} |\nabla \widetilde{u}_p|^2 \mathrm{d}x + \frac{b}{4r_p} \left(\int_{\mathbb{R}^N} |\nabla \widetilde{u}_p|^2 \mathrm{d}x\right)^2 \\ &- \frac{\beta}{(p+2)r_p} \int_{\mathbb{R}^N} |\widetilde{u}_p|^{p+2} \mathrm{d}x,\end{aligned}$$

由引理 3.3.1 以及 $p \nearrow p^*$, 可得

$$\lim_{p \nearrow p^*} \frac{\beta}{(p+2)r_p} \int_{\mathbb{R}^N} |\widetilde{u}_p|^{p+2} \mathrm{d}x = \frac{b}{4}.$$

也就是说当 $p \nearrow p^*$ 时, $\frac{4\beta}{b(p+2)r_p} \int_{\mathbb{R}^N} |\widetilde{u}_p|^{p+2} \mathrm{d}x \to 1$, 这样就完成了该引理的证明. □

引理 3.3.3. 对于 $1 \leq N \leq 3$, 令 $\widetilde{u}_p$ 为 $\widetilde{d}_\beta(p)$ 的任意非负极小可达元, 定义

$$\epsilon_p = r_p^{-\frac{1}{4}} \text{ 以及 } \widetilde{w}_p(x) = \epsilon_p^{\frac{N}{2}} \widetilde{u}_p(\epsilon_p x), \text{ 其中 } r_p = \left(\frac{\beta p}{\beta_p p^*}\right)^{\frac{p^*}{p^*-p}}. \tag{3.3.16}$$

那么, 存在 $w_0 \in H^1(\mathbb{R}^N)$ 和一个序列 $\{\widetilde{y}_{\epsilon_p}\} \subset \mathbb{R}^N$ 使得在子列的意义下当 $p \nearrow p^*$ 时有

$$w_p(x) = \widetilde{w}_p(x + \widetilde{y}_{\epsilon_p}) \to w_0 \text{ 在 } H^1(\mathbb{R}^N) \text{ 中强收敛},$$

并且存在某个 $x_0 \in \mathbb{R}^N$ 使得

$$w_0 = \frac{1}{\|\phi_{p^*}\|_{L^2}} \phi_{p^*}(|x - x_0|).$$

证明. 由引理 3.3.1 可得

$$\int_{\mathbb{R}^N} \widetilde{w}_p^2 \mathrm{d}x = \int_{\mathbb{R}^N} \widetilde{u}_p^2 \mathrm{d}x = 1, \tag{3.3.17}$$

$$\begin{aligned} \text{当 } p \nearrow p^* \text{ 时，} \left(\int_{\mathbb{R}^N} |\nabla \widetilde{w}_p|^2 \mathrm{d}x\right)^2 &= \epsilon_p^4 \left(\int_{\mathbb{R}^N} |\nabla \widetilde{u}_p|^2 \mathrm{d}x\right)^2 \\ &\approx r_p^{-1} \cdot r_p = 1. \end{aligned} \tag{3.3.18}$$

$$\begin{aligned} \text{当 } p \nearrow p^* \text{ 时，} \int_{\mathbb{R}^N} |\widetilde{w}_p|^{p+2} \mathrm{d}x &= \epsilon_p^{\frac{Np}{2}} \int_{\mathbb{R}^N} |\widetilde{u}_p|^{p+2} \mathrm{d}x \\ &\approx r_p^{-\frac{p}{p^*}} \cdot \frac{b(p+2)}{4\beta} r_p \approx \frac{b(p^*+2)}{4\beta_{p^*}}. \end{aligned} \tag{3.3.19}$$

因为 $\widetilde{u}_p$ 是 $\widetilde{d}_\beta(p)$ 的极小可达元，从而存在适当的拉格朗日乘子 $\lambda_p \in \mathbb{R}$ 使得

$$-\left(a + b\int_{\mathbb{R}^N} |\nabla \widetilde{u}_p|^2 \mathrm{d}x\right) \triangle \widetilde{u}_p = \beta |\widetilde{u}_p|^p \widetilde{u}_p + \lambda_p \widetilde{u}_p. \tag{3.3.20}$$

那么由上式可得

$$\begin{aligned} \lambda_p &= a\int_{\mathbb{R}^N} |\nabla \widetilde{u}_p|^2 \mathrm{d}x + b\left(\int_{\mathbb{R}^N} |\nabla \widetilde{u}_p|^2 \mathrm{d}x\right)^2 - \beta \int_{\mathbb{R}^N} |\widetilde{u}_p|^{p+2} \mathrm{d}x \\ &= 4\widetilde{d}_\beta(p) - a\int_{\mathbb{R}^N} |\nabla \widetilde{u}_p|^2 \mathrm{d}x - \frac{\beta(p-2)}{p+2} \int_{\mathbb{R}^N} |\widetilde{u}_p|^{p+2} \mathrm{d}x. \end{aligned}$$

此外，由引理 3.3.1，引理 3.3.2 以及 (3.3.16) 式可知当 $p \nearrow p^*$ 时有

$$\begin{aligned} \lambda_p \epsilon_p^4 &= 4\widetilde{d}_\beta(p) \cdot r_p^{-1} - a\int_{\mathbb{R}^N} |\nabla \widetilde{u}_p|^2 \mathrm{d}x \cdot r_p^{-1} \\ &\quad - \frac{b(p-2)}{4} \cdot \frac{4\beta}{b(p+2)} \int_{\mathbb{R}^N} |\widetilde{u}_p|^{p+2} \mathrm{d}x \cdot r_p^{-1} \to -\frac{b(4-N)}{2N}. \end{aligned} \tag{3.3.21}$$

因此，根据 (3.3.19) 式，利用集中紧性引理可得存在一个序列 $\{\widetilde{y}_{\epsilon_p}\} \subset \mathbb{R}^N$ 和正常数 $R, \gamma > 0$ 使得

$$\liminf_{p \nearrow p^*} \int_{B_R(\widetilde{y}_{\epsilon_p})} |\widetilde{w}_p|^2 \mathrm{d}x \geq \gamma > 0.$$

定义

$$w_p(x) = \epsilon_p^{\frac{N}{2}} \widetilde{u}_p(\epsilon_p x + \epsilon_p \widetilde{y}_{\epsilon_p}) = \widetilde{w}_p(x + \widetilde{y}_{\epsilon_p}), \tag{3.3.22}$$

则

$$\liminf_{p\nearrow p^*}\int_{B_R(0)}|w_p|^2\mathrm{d}x\geq\gamma>0. \tag{3.3.23}$$

因为 $\widetilde{u}_p$ 满足 (3.3.20) 式, 那么 $w_p(x)$ 满足下面方程

$$-a\epsilon_p^2\triangle w_p-b\int_{\mathbb{R}^N}|\nabla w_p|^2\mathrm{d}x\cdot\triangle w_p=\lambda_p\epsilon_p^4 w_p+\beta\epsilon_p^{(4-\frac{Np}{2})}w_p^{p+1}. \tag{3.3.24}$$

利用 (3.3.12) 式和 (3.3.16) 式可得当 $p\nearrow p^*$ 时有

$$\beta\epsilon_p^{(4-\frac{Np}{2})}=\beta\epsilon_p^{\frac{N}{2}(p^*-p)}=\beta\left(r_p^{\frac{p^*-p}{p^*}}\right)^{-1}=\frac{\beta_p p^*}{p}\to\beta_{p^*}. \tag{3.3.25}$$

对于任意的 $\eta\in C_0^\infty(\mathbb{R}^N)$, 由 (3.1.9) 式, (3.3.12) 式以及 Hölder 不等式可得当 $p\nearrow p^*$ 时有

$$\left|\epsilon_p^2\int_{\mathbb{R}^N}\nabla w_p\nabla\eta\mathrm{d}x\right|\leq C\epsilon_p^2\left(\int_{\mathbb{R}^N}|\nabla w_p|^2\mathrm{d}x\right)^{\frac{1}{2}}=Cr_p^{-\frac{3}{4}}r_p^{\frac{1}{4}}(1+o(1))\to 0.$$

另外, 由 (3.3.17) 式, (3.3.18) 式和 (3.3.22) 式可得

$$\begin{cases}\int_{\mathbb{R}^N}w_p^2\mathrm{d}x=1,\\ \text{当 } p\nearrow p^* \text{ 时}, \int_{\mathbb{R}^N}|\nabla w_p|^2\mathrm{d}x=\int_{\mathbb{R}^N}|\nabla\widetilde{w}_p|^2\mathrm{d}x\to 1,\end{cases} \tag{3.3.26}$$

因此, $\{w_p\}$ 在 $H^1(\mathbb{R}^N)$ 中是有界的. 从而在子列的意义下存在某个 $w_0\in H^1(\mathbb{R}^N)$ 使得

$$\text{当 } p\nearrow p^* \text{ 时}, w_p\rightharpoonup w_0\geq 0 \text{ 在 } H^1(\mathbb{R}^N) \text{ 中弱收敛}. \tag{3.3.27}$$

进一步, 利用 (3.3.23) 式可得 $w_0\not\equiv 0$. 此外, 由 (3.3.21) 式, (3.3.24) 式~(3.3.27) 式可知 w_0 满足下面的方程

$$-b\triangle w_0=-\frac{b(4-N)}{2N}w_0+\beta_{p^*}w_0^{p^*+1}. \tag{3.3.28}$$

结合 (3.3.28) 式以及 Pohozaev 恒等式我们有

$$\begin{cases}\int_{\mathbb{R}^N}|\nabla w_0|^2\mathrm{d}x=\int_{\mathbb{R}^N}w_0^2\mathrm{d}x,\\ \int_{\mathbb{R}^N}|w_0|^{p^*+2}\mathrm{d}x=\frac{b(4+N)}{2N\beta_{p^*}}\int_{\mathbb{R}^N}w_0^2\mathrm{d}x.\end{cases}\tag{3.3.29}$$

那么, 由 (2.1.2) 式和 (3.3.29) 式可得

$$\begin{aligned}\frac{2N\beta_{p^*}}{b(4+N)}&\le\frac{\left(\int_{\mathbb{R}^N}|\nabla w_0|^2\mathrm{d}x\right)^2\left(\int_{\mathbb{R}^N}w_0^2\mathrm{d}x\right)^{\frac{4-N}{N}}}{\int_{\mathbb{R}^N}|w_0|^{p^*+2}\mathrm{d}x}\\&=\frac{2N\beta_{p^*}}{b(4+N)}\left(\int_{\mathbb{R}^N}w_0^2\mathrm{d}x\right)^{\frac{4}{N}},\end{aligned}\tag{3.3.30}$$

上式意味着

$$\int_{\mathbb{R}^N}w_0^2\mathrm{d}x\ge 1,$$

该式结合 (3.3.26) 式以及 (3.3.27) 式有

$$\int_{\mathbb{R}^N}w_0^2\mathrm{d}x=1.\tag{3.3.31}$$

因此,

$$\text{当 } p\nearrow p^* \text{ 时}, w_p\to w_0 \text{ 在 } L^2(\mathbb{R}^N) \text{ 中强收敛},$$

且由 (3.3.26) 式和 (3.3.29) 式可得

$$\text{当 } p\nearrow p^* \text{ 时}, \int_{\mathbb{R}^N}|\nabla w_p|^2\mathrm{d}x\to\int_{\mathbb{R}^N}|\nabla w_0|^2\mathrm{d}x.$$

从而, 当 $p\nearrow p^*$ 时, $w_p\to w_0$ 在 $H^1(\mathbb{R}^N)$ 中强收敛.

此外, 由 (3.3.27) 式和强极值原理推出 $w_0>0$. 注意到 w_0 是 (3.3.28) 式的正解, 并且在平移的意义下也是 (2.1.1) 式的正解. 从而, 由 (2.1.1) 式正解的唯一性可得存在某个 $x_0\in\mathbb{R}^N$ 使得

$$w_0=\frac{1}{\|\phi_{p^*}\|_{L^2}}\phi_{p^*}(|x-x_0|).\tag{3.3.32}$$

□

现在我们将给出由 (3.3.22) 式所定义的 w_p 的衰减性质. 由引理 3.3.3 知道如果 $\widetilde{u}_p$ 是 $\widetilde{d}_\beta(p)$ 的非负极小可达元, 则存在满足当 $k\to\infty$ 时, $p_k\nearrow p^*$ 的序列 $\{p_k\}$,以及正函数 w_0 使得

$$\text{当 } k\to\infty \text{ 时, } w_{p_k}\to w_0 \text{ 在 } H^1(\mathbb{R}^N) \text{ 中强收敛.} \tag{3.3.33}$$

因此, 对于任意的 $\alpha\in[2,2^*)$, 当 $R\to\infty$ 时, 可得

$$\text{对充分大的 } k, \int_{|x|\geq R}|w_{p_k}|^\alpha \mathrm{d}x\to 0 \text{ 对 } k \text{ 一致成立.} \tag{3.3.34}$$

由 (3.3.21) 式, (3.3.24) 式和 (3.3.25) 式, 可知当 k 充分大时, 有

$$-\triangle w_{p_k}-c(x)w_{p_k}\leq 0,$$

其中 $c(x)=\frac{2\beta_{p^*}}{b}w_p^p$. 进而利用 De Giorgi-Nash-Morse 理论 (类似于文献 [35] 中定理 4.1 的证明) 可以推出

$$\max_{B_1(\xi)} w_{p_k}\leq C\left(\int_{B_2(\xi)}|w_{p_k}|^2\mathrm{d}x\right)^{\frac{1}{2}}, \tag{3.3.35}$$

其中 ξ 是 $\mathbb{R}^N$ 的任意点, 且 C 时仅依赖于 $\|w_{p_k}\|_{L^5(B_2(\xi))}$ 的值的常数. 因此对于充分大的 k,

$$\text{当 } |x|\to\infty \text{ 时, } w_{p_k}(x)\to 0 \text{ 对 } k \text{ 一致成立.} \tag{3.3.36}$$

此外, 由 (3.3.21) 式, (3.3.24) 式, (3.3.25) 式和 (3.3.36) 式可得存在一个不依赖于 k 的正常数 $R>0$ 使得当 $|x|>R$ 且 k 充分大时, 有

$$-\Delta w_{p_k}(x)+\frac{4-N}{4N}w_{p_k}(x)\leq 0 \text{ 对 } k \text{ 一致成立.} \tag{3.3.37}$$

那么利用文献 [41] 中的比较原理, 即让 w_{p_k} 与 $Ce^{-\sqrt{\frac{4-N}{4N}}|x|}$ 相比较, 可得存在一个不依赖于 k 的正常数 $R>0$ 使得当 $|x|>R$ 且 k 充分大时, 有

$$w_{p_k}(x)\leq Ce^{-\sqrt{\frac{4-N}{4N}}|x|} \quad \text{对 } k \text{ 一致成立.} \tag{3.3.38}$$

引理 3.3.4. 　令 $1 \leq N \leq 3$, $V(x)$ 满足条件 (3.1.7) 式, $\beta > \beta_{p^*}$ 以及 u_p 为 (3.1.2) 式的任意极小可达元, 则当 $p \nearrow p^*$ 时, 有

$$0 \leq d_\beta(p) - \widetilde{d}_\beta(p) \to 0 \tag{3.3.39}$$

且

$$\int_{\mathbb{R}^N} V(x) u_p^2 \mathrm{d}x \to 0. \tag{3.3.40}$$

证明. 　首先, 由 $d_\beta(p)$ 和 $\widetilde{d}_\beta(p)$ 的定义, 易知

$$d_\beta(p) - \widetilde{d}_\beta(p) \geq 0.$$

现在, 需要估计 $d_\beta(p) - \widetilde{d}_\beta(p)$ 的上界. 选取 $\varphi(x) \in C_0^\infty(\mathbb{R}^N)$ 且 $0 \leq \varphi(x) \leq 1$, 使得若 $|x| \leq 1$, $\varphi(x) \equiv 1$, 若$|x| \geq 2$, $\varphi(x) \equiv 0$, 且 $|\nabla \varphi(x)| \leq 2$, 则对任给的 $x_0 \in \mathbb{R}^N$, 令

$$\overline{u}_p(x) = A_p \xi(x - x_0) \epsilon_p^{-\frac{N}{2}} w_p\left(\frac{x - x_0}{\epsilon_p}\right) = A_p \xi(x - x_0) \widetilde{u}_p(x - x_0 + \epsilon_p \widetilde{y}_{\epsilon_p}),$$

其中 $A_p > 0$ 的选取满足 $\|\overline{u}_p\|_{L^2}^2 = 1$, 且 w_p 由 (3.3.22) 式所定义. 那么由 (3.3.26) 式可得$\int_{\mathbb{R}^N} |w_p|^2 \mathrm{d}x = 1$ 且

$$1 \leq A_p^2 = \frac{\int_{\mathbb{R}^N} |w_p|^2 \mathrm{d}x}{\int_{\mathbb{R}^N} \xi^2(\epsilon_p x) w_p^2(x) \mathrm{d}x} \leq \frac{\int_{\mathbb{R}^N} |w_p|^2 \mathrm{d}x}{\int_{|\epsilon_p x| \leq 1} \xi^2(\epsilon_p x) w_p^2(x) \mathrm{d}x}.$$

上式结合 (3.1.9) 式和 (3.3.38) 式, 可得当 $p \nearrow p^*$ 时, 有

$$0 \leq A_p^2 - 1 \leq \frac{\int_{|\epsilon_p x| \geq 1} |w_p|^2 \mathrm{d}x}{\int_{|\epsilon_p x| \leq 1} \xi^2(\epsilon_p x) w_p^2(x) \mathrm{d}x} \leq C e^{-\sqrt{\frac{4-N}{4N}} \epsilon_p^{-1}} \tag{3.3.41}$$

且

$$1 \leq A_p^{p+2} \leq \left(1 + C e^{-\sqrt{\frac{4-N}{4N}} \epsilon_p^{-1}}\right)^{\frac{p+2}{2}} \leq 1 + 6C e^{-\sqrt{\frac{4-N}{4N}} \epsilon_p^{-1}}. \tag{3.3.42}$$

同时由 (3.3.41) 式可得, 当 $p \nearrow p^*$ 时有

$$\begin{aligned}\int_{\mathbb{R}^N} V(x)\overline{u}_p^2\mathrm{d}x &= A_p^2\int_{\mathbb{R}^N} V(\epsilon_p x + x_0)\xi^2(\epsilon_p x)w_p^2(x)\mathrm{d}x \\ &\to V(x_0)\int_{\mathbb{R}^N} w_0^2\mathrm{d}x = V(x_0)\end{aligned} \tag{3.3.43}$$

和

$$\begin{aligned}\int_{\mathbb{R}^N} |\overline{u}_p|^{p+2} &= \epsilon_p^{-\frac{NP}{2}}A_p^{p+2}\int_{\mathbb{R}^N} \xi^{p+2}(\epsilon_p x)w_p^{p+2}(x)\mathrm{d}x \\ &= (A_p^{p+2}-1)\epsilon_p^{-\frac{NP}{2}}\int_{\mathbb{R}^N} \xi^{p+2}(\epsilon_p x)w_p^{p+2}(x)\mathrm{d}x \\ &\quad + \epsilon_p^{-\frac{NP}{2}}\int_{\mathbb{R}^N} (\xi^{p+2}(\epsilon_p x)-1)w_p^{p+2}(x)\mathrm{d}x \\ &\quad + \epsilon_p^{-\frac{NP}{2}}\int_{\mathbb{R}^N} w_p^{p+2}(x)\mathrm{d}x \\ &\le \int_{\mathbb{R}^N} \widetilde{u}_p^{p+2}(x)\mathrm{d}x + Ce^{-\sqrt{\frac{4-N}{4N}}\epsilon_p^{-1}}.\end{aligned} \tag{3.3.44}$$

利用和上式同样的计算方法, 可得 $p \nearrow p^*$ 时有

$$\int_{\mathbb{R}^N} |\nabla\overline{u}_p|^2\mathrm{d}x \le \int_{\mathbb{R}^N} |\nabla\widetilde{u}_p|^2\mathrm{d}x + Ce^{-\sqrt{\frac{4-N}{4N}}\epsilon_p^{-1}} \tag{3.3.45}$$

和

$$\left(\int_{\mathbb{R}^N} |\nabla\overline{u}_p|^2\mathrm{d}x\right)^2 \le \left(\int_{\mathbb{R}^N} |\nabla\widetilde{u}_p|^2\mathrm{d}x\right)^2 + Ce^{-\sqrt{\frac{4-N}{4N}}\epsilon_p^{-1}}. \tag{3.3.46}$$

选取满足 $V(x_0) = 0$ 的 $x_0 \in \mathbb{R}^N$, 那么由 (3.3.43)式~(3.3.46) 式可得当 $p \nearrow p^*$ 时有

$$\begin{aligned}0 &\le d_\beta(p) - \widetilde{d}_\beta(p) \\ &\le E_p^\beta(\overline{u}_p) - \widetilde{E}_p^\beta(\widetilde{u}_p) \\ &= \widetilde{E}_p^\beta(\overline{u}_p) - \widetilde{E}_p^\beta(\widetilde{u}_p) + \frac{1}{2}\int_{\mathbb{R}^N} V(x)\overline{u}_p^2\mathrm{d}x \\ &\le \frac{1}{2}V(x_0) + Ce^{-\sqrt{\frac{4-N}{4N}}\epsilon_p^{-1}} + o(1) \to 0.\end{aligned}$$

此外, 如果 u_p 是 $d_\beta(p)$ 的极小可达元, 则有当 $p \nearrow p^*$ 时,

$$0 \leq \frac{1}{2}\int_{\mathbb{R}^N} V(x)u_p^2\mathrm{d}x = d_\beta(p) - \widetilde{E}_p^\beta(u_p(x)) \leq d_\beta(p) - \widetilde{d}_\beta(p) \to 0.$$

□

3.3.3　定理 3.1.5 的证明

定理 3.1.5 的证明:　令 $u_p \geq 0$ 为 $d_\beta(p)$ 的任意极小可达元, 类似于引理 3.3.2 的证明, 由 (3.3.39) 式和 (3.3.40) 式仍然可得

$$\left(\int_{\mathbb{R}^3} |\nabla u_p|^2\mathrm{d}x\right)^2 \approx \frac{4\beta}{b(p+2)}\int_{\mathbb{R}^N} |u_p|^{p+2}\mathrm{d}x \approx \left(\frac{\beta p}{\beta_p p^*}\right)^{\frac{p^*}{p^*-p}} = r_p. \quad (3.3.47)$$

类似于 (3.3.23) 式, 存在 $\{\overline{y}_{\epsilon_p}\} \subset \mathbb{R}^N$, 以及正常数 $R, \gamma > 0$ 使得

$$\liminf_{p\nearrow p^*} \int_{B_R(0)} |\overline{w}_p|^2\mathrm{d}x \geq \gamma > 0, \quad (3.3.48)$$

其中

$$\overline{w}_p(x) = \epsilon_p^{\frac{N}{2}} u_p(\epsilon_p x + \epsilon_p \overline{y}_{\epsilon_p}), \text{ 且 } \epsilon_p \text{ 由 (3.3.16) 式定义.}$$

因为 u_p 是 $d_\beta(p)$ 的极小可达元, 类似于 (3.3.24) 式, 存在适当的拉格朗日乘子 $\overline{\lambda}_p$ 使得

$$\begin{aligned} &-a\epsilon_p^2\triangle\overline{w}_p - b\int_{\mathbb{R}^N} |\nabla\overline{w}_p|^2\mathrm{d}x \cdot \triangle\overline{w}_p + \epsilon_p^4 V(\epsilon_p x + \epsilon_p\overline{y}_{\epsilon_p})\overline{w}_p \\ &= \overline{\lambda}_p\epsilon_p^4\overline{w}_p + \beta\epsilon_p^{(4-\frac{Np}{2})}\overline{w}_p^{p+1}. \end{aligned} \quad (3.3.49)$$

我们断言当 $p \nearrow p^*$ 时, $\{\epsilon_p\overline{y}_{\epsilon_p}\}$ 关于 p 是一致有界的. 若不然, 假设存在一个当 $n \to \infty$ 时有 $p_n \nearrow p^*$ 的子列 $\{p_n\}$, 使得当 $n \to \infty$ 时有

$$\epsilon_{p_n}|\overline{y}_{\epsilon_{p_n}}| \to \infty \text{ 和 } \epsilon_{p_n} \to 0.$$

那么利用 (3.3.40) 式可得当 $p \nearrow p^*$ 时,

$$\int_{\mathbb{R}^N} V(x)u_p^2(x)\mathrm{d}x = \int_{\mathbb{R}^N} V(\epsilon_p x + \epsilon_p\overline{y}_{\epsilon_p})\overline{w}_p^2(x)\mathrm{d}x \to 0. \quad (3.3.50)$$

另外, 由 (3.1.7) 式知, 存在正常数 $C_0>0$ 使得当 $|x|$ 充分大时, $V(x)\geq C_0$. 那么由 (3.3.48) 式和 Fatou's 引理可得

$$\begin{aligned}&\liminf_{n\to\infty}\int_{\mathbb{R}^N}V(\epsilon_{p_n}x+\epsilon_{p_n}\overline{y}_{\epsilon_{p_n}})\overline{w}_{p_n}^2(x)\mathrm{d}x\\ \geq&\int_{\mathbb{R}^N}\liminf_{n\to\infty}V(\epsilon_{p_n}x+\epsilon_{p_n}\overline{y}_{\epsilon_{p_n}})\overline{w}_{p_n}^2(x)\mathrm{d}x\geq\gamma C_0>0,\end{aligned}$$

这显然和 (3.3.50) 式相矛盾. 所以, 当 $p\nearrow p^*$ 时, $\{\epsilon_p\overline{y}_{\epsilon_p}\}$ 关于 p 是一致有界的. 从而在子列的意义下, 我们不妨假设存在一个 $z_0\in\mathbb{R}^N$ 使得当 $p\nearrow p^*$ 时有 $\epsilon_p\overline{y}_{\epsilon_p}\to z_0$. 那么再次利用 (3.3.48) 式以及 Fatou's 引理有

$$\liminf_{p\nearrow p^*}\int_{\mathbb{R}^N}V(\epsilon_px+\epsilon_p\overline{y}_{\epsilon_p})\overline{w}_p^2(x)\mathrm{d}x\geq V(z_0)\int_{B_R(0)}\liminf_{p\nearrow p^*}\overline{w}_p^2(x)\mathrm{d}x\geq V(z_0)\eta,$$

上式以及 (3.3.50) 式推出 $V(z_0)=0$.

最后, 由 (3.3.47) 式以及类似于引理 3.3.3 的证明, 可知 $\overline{w}_p=\epsilon_p^{\frac{N}{2}}u_p(\epsilon_px+\epsilon_p\overline{y}_{\epsilon_p})$ 满足

$$\text{当 } p\nearrow p^* \text{ 时, } \overline{w}_p\to\overline{w}_0 \text{ 在 } H^1(\mathbb{R}^N) \text{ 中强收敛,}$$

且 $\overline{w}_0$ 满足下面的方程

$$-b\triangle\overline{w}_0=-\frac{b(4-N)}{2N}\overline{w}_0+\beta_{p^*}\overline{w}_0^{p^*+1}.$$

因此, 根据方程 (2.1.1) 正解的唯一性可以推出

$$\text{对某个 } y_0\in\mathbb{R}^N,\text{ 有 } \overline{w}_0=\frac{1}{\|\phi_{p^*}\|_{L^2}}\phi_{p^*}(|x-y_0|)\quad.$$

这样就完成了该定理的证明. □

第4章　次质量临界情形下Kirchhoff型椭圆方程约束解的集中行为

4.1　问题来源和主要结果

本章将使用约束变分的方法研究次质量临界情形下 Kirchhoff 型椭圆方程 L^2 约束解的渐近行为, 考虑方程:

$$-\left(1+b\int_{\mathbb{R}^2}|\nabla u|^2\mathrm{d}x\right)\triangle u+V(x)u=\beta|u|^pu+\lambda u,\quad x\in\mathbb{R}^2,\tag{4.1.1}$$

其中 $b>0$ 是正常数, $p\in(0,2]$, $\beta>0$, $\lambda\in\mathbb{R}$, $\int_{\mathbb{R}^2}u^2\mathrm{d}x=1$, 位势函数 $V(x)$ 满足下面条件

$$V(x)\in L^{\infty}_{loc}(\mathbb{R}^2,\mathbb{R}^+),\ \lim_{|x|\to\infty}V(x)=+\infty,\ \text{且}\ \inf_{x\in\mathbb{R}^2}V(x)=0.\tag{4.1.2}$$

由拉格朗日乘子原理(见引理 2.2.2), 为得到方程 (4.1.1) L^2约束解的存在性, 等价于研究下面的约束极小化问题:

$$e(b):=\inf_{u\in S_1}E_b(u),\tag{4.1.3}$$

其中对任意的 $u\in\mathcal{H}$, 能量泛函 $E_b(\cdot)$ 定义为

$$E_b(u)=\frac{1}{2}\int_{\mathbb{R}^2}|\nabla u|^2\mathrm{d}x+\frac{b}{4}\left(\int_{\mathbb{R}^2}|\nabla u|^2\mathrm{d}x\right)^2+\frac{1}{2}\int_{\mathbb{R}^2}V(x)u^2\mathrm{d}x-\frac{\beta}{p+2}\int_{\mathbb{R}^2}|u|^{p+2}\mathrm{d}x,$$

$\mathcal{H}$ 和 S_1 分别由 (1.1.14) 和 (1.1.15) 定义.

为方便叙述下面的内容, 当空间维数 $N=2$ 以及 $p=2$ 时, 记半线性椭圆方程 (2.1.1) 的唯一正解 $\phi_p(x)$ 为 $Q(x)$, 且

$$\beta_* \triangleq \|Q\|_{L^2}^2. \tag{4.1.4}$$

当 $b=0$ 时, 方程 (4.1.1) 被称为 Gross-Pitaevskii (GP)方程, 该方程是在研究 Bose-Einstein 凝聚时所提出. 对于 $b=0$ 和 $p=2$ 这种情形, 文献 [29] 研究了方程 (4.1.1) 所对应的约束极小问题 (4.1.3), 并得到了问题 (4.1.3) 可达元的存在性和非存在性结果(见第 1 章定理 1.1.2). 在第 3 章本书考虑了当 $b>0$ 时, 对于不同的参数 p 和 β, 问题 (4.1.3) 极小可达元的存在性和非存在性以及集中行为. 而 $b>0$ 和 $b=0$ 两种情形结果不同的主要原因是当 $b>0$ 时, 因为非局部项 $\int_{\mathbb{R}^2}|\nabla u|^2\mathrm{d}x$ 的存在. 此外, 在定理 1.1.2 中给出 $b=0$ 时问题 (4.1.3) 极小可达元的存在性和非存在性结果, 结合第 3 章问题 (4.1.3) 极小可达元存在性的结果, 对于给定的参数 p 以及 β, 当参数 $b>0$ 靠近 0 时,问题 (4.1.3) 极小可达元将会出现什么样的渐近行为? 为此本章有下面的定理:

定理 4.1.1. 令 $p\in(0,2), \beta>0$ 或者 $p=2, \beta\in(0,\beta_*)$, 假设位势 $V(x)$ 满足

$$V(x)\in L_{loc}^{\infty}(\mathbb{R}^2,\mathbb{R}^+),\ \lim_{|x|\to\infty}V(x)=+\infty \tag{4.1.5}$$

且 $u_b\in S_1$ 是问题 (4.1.3) 在 $b>0$ 时的非负极小可达元, 则对满足当 $k\to+\infty$ 时, $b_k\searrow 0$ 的任意序列 $\{b_k\}$, 存在子列(我们不妨仍记为 $\{b_k\}$), 使得当 $k\to+\infty$ 时, 有

$$u_{b_k}\to u_0 \text{ 在 } \mathcal{H} \text{ 中强收敛, 且 } e(b_k)\to e(0).$$

更进一步, $u_0\in S_1$ 是 $e(0)$ 的非负极小可达元.

因为当 $b=0$ 时, 问题 (4.1.3) 在定理 4.1.1 的条件假设下总是存在极小可达元, 从而定理 4.1.1 中极小可达元的收敛性是一个很自然的结果. 然而, 对于 $p=2$ 和 $\beta=\beta_*$ 这种情形, 由文献 [29] 定理 1.1.2 可知问题 (4.1.3) 的极小可达元序列 $\{u_b\}(b>0)$ 在 $\mathcal{H}$ 中当 $b\searrow 0$ 时是无界的,这中情形下问题 (4.1.3) 极小可达元在 $b>0$ 靠近 0 时将会发生爆破现象. 下面首先给出 $p=2$ 以及 $\beta=\beta_*$ 时的结果.

定理 4.1.2.　设 $V(x)$ 满足对某个 $\alpha\in(0,1)$,

$$V(x)\in C_{loc}^{\alpha}(\mathbb{R}^2,\mathbb{R}^+),\quad \lim_{|x|\to\infty}V(x)=\infty \text{ 且 } \inf_{x\in\mathbb{R}^2}V(x)=0. \tag{4.1.6}$$

令 $p=2$, $\beta=\beta_*$ 以及 $u_b\in S_1$ 是问题 (4.1.3) 在 $b>0$ 时的非负极小可达元, 则

$$\text{当 } b\searrow 0 \text{ 时, } 0<e(b)\to e(0)=0.$$

且对于满足当 $k\to+\infty$ 时, $b_k\searrow 0$ 的任意序列 $\{b_k\}$, 存在一个子列(不妨仍记为 $\{b_k\}$), 使得 u_{b_k} 有唯一的全局最大值点, 记为 z_{b_k} 满足

$$\lim_{k\to+\infty}\epsilon_{b_k}u_{b_k}(\epsilon_{b_k}x+z_{b_k})=\frac{Q(x)}{\|Q\|_{L^2}} \text{ 在 } H^1(\mathbb{R}^2) \text{ 中成立,} \tag{4.1.7}$$

其中 $Q(x)$ 由 (2.1.1) 式定义, 以及

$$\text{当 } k\to\infty \text{ 时, } \epsilon_{b_k}=\left(\int_{\mathbb{R}^2}|\nabla u_{b_k}|^2\mathrm{d}x\right)^{-\frac{1}{2}}\to 0. \tag{4.1.8}$$

此外, 当 $k\to+\infty$ 时, $z_{b_k}\to z_0$, 其中 z_0 是位势 $V(x)$ 的全局极小值点, 即 $V(z_0)=0$.

在定理 4.1.2 的条件假设下, 该定理证明了问题 (4.1.3) 极小可达元将会发生爆破现象, 并且极小可达元的唯一最大值点集中到位势函数 $V(x)$ 的最低点. 然而在定理 4.1.2 的结果中, 没有给出极小可达元具体的爆破速率, 另

外若位势函数有多个极小值点时, 具体的集中点位置是不清楚的. 为了获得极小可达元更精确的爆破速率和精确的集中点位置, 对于问题 (4.1.3), 文献 [29] 考虑了 $b=0$ 时具体的多项式位势函数, 并得到了详细的极小元爆破速率以及精确的能量估计. 受该文献的启发, 在位势函数 $V(x)$ 为多项式情形, 下面考虑问题 (4.1.3), 即假设 $V(x)$ 满足

$$V(x)=h(x)\prod_{i=1}^{n}|x-x_i|^{q_i},\quad 对所有\ x\in\mathbb{R}^2,\ C<h(x)<\frac{1}{C}, \tag{4.1.9}$$

其中若 $i\neq j, x_i\neq x_j, C>0$ 以及对所有 $1\leq i\leq n$, $\lim_{x\to x_i}h(x)$ 存在. 令

$$q=\max\{q_1,\cdots,q_n\},\quad \kappa_i=\lim_{x\to x_i}\frac{V(x)}{|x-x_i|^q},\quad \overline{V}_i(x)=\frac{V(x)}{|x-x_j|^{q_i}}, \tag{4.1.10}$$

$$\lambda_i=\left(\frac{q\kappa_i}{2\|Q\|_{L^2}^2}\int_{\mathbb{R}^2}|x|^qQ(x)^2\mathrm{d}x\right)^{\frac{1}{q+4}},\ \lambda=\min\{\lambda_1,\cdots,\lambda_n\}. \tag{4.1.11}$$

记

$$\mathcal{Z}:=\{x_i:\lambda_i=\lambda\} \tag{4.1.12}$$

为位势 $V(x)$ 最平坦零点的集合, 则有下面的定理:

定理 4.1.3. 在定理 4.1.2 的假设下, 令 $V(x)$ 满足额外的条件 (4.1.9) 且 u_b 为问题 (4.1.3) 在 $b>0$ 时的任意极小可达元, 则

(i)

$$\lim_{b\searrow 0}\frac{e(b)}{b^{\frac{q}{q+4}}}=\frac{4+q}{4q}\lambda^4,\quad \lim_{b\searrow 0}\frac{b^{\frac{1}{q+4}}}{\epsilon_b}=\lambda,$$

其中 ϵ_b 由 (4.1.8) 式定义. 此外, 由定理 4.1.2 得到的集中点 z_0 满足

$$z_0\in\mathcal{Z}\quad 且\quad 当\ k\to\infty\ 时,\ \frac{|z_{b_k}-z_0|}{b_k^{\frac{1}{q+4}}}\to 0,$$

(ii) 对于满足当 $k\to+\infty$ 时, $b_k\searrow 0$ 的任意序列 $\{b_k\}$, 存在一个子

列(不妨仍记为 $\{b_k\}$), 以及点 $x_{i_0} \in \mathcal{Z}$ 使得

$$\lim_{k\to\infty} b_k^{\frac{1}{q+4}} u_{b_k}\left(b_k^{\frac{1}{q+4}} x + x_{i_0}\right) = \frac{\lambda Q(\lambda x)}{\|Q\|_{L^2}} \text{ 在 } H^1(\mathbb{R}^2) \text{ 中成立.} \tag{4.1.13}$$

且对于点 $x_i \in \mathcal{M} \triangleq \{x_j : V(x_j) = 0\} \setminus \{x_{i_0}\}$, 当 $k \to \infty$ 时, 有

$$b_k^{\frac{1}{q+4}} u_{b_k}\left(b_k^{\frac{1}{q+4}} x + x_i\right) \rightharpoonup 0 \text{ 在 } H^1(\mathbb{R}^2) \text{ 中弱收敛,} \tag{4.1.14}$$

其中, $Q(x)$ 由 (2.1.1) 式定义.

(iii) 由定理 4.1.2 得到的集中点 z_0 和由 (ii) 得到的集中点 x_{i_0} 事实上是同一个点, 即

$$z_0 = x_{i_0}. \tag{4.1.15}$$

当位势函数 $V(x)$ 有多个极小值点时, 定理 4.1.3 证明了在具体的多项式函数假设下, 问题 (4.1.3) 极小可达元在位势函数最平坦极小值点处集中.

4.2 一般位势下的渐近行为分析

4.2.1 定理 4.1.1 的证明

定理 4.1.1 的证明: 下面分两种情形来证明定理 4.1.1.

情形 1: $0 < p < 2$ 且 $\beta > 0$. 对任意的 $\eta(x) \in C_0^\infty(\mathbb{R}^2) \bigcap S_1$, 易知存在不依赖于 b 的正常数 $C > 0$ 使得

$$e(b) \le E_b(\eta) \le C < \infty. \tag{4.2.1}$$

令 u_b 为问题 (4.1.3) 在参数 $b > 0$ 时的极小可达元, 由 (2.1.1) 式知

$$\begin{aligned}&\frac{1}{2}\int_{\mathbb{R}^2} |\nabla u_b|^2 \mathrm{d}x + \frac{b}{4}\left(\int_{\mathbb{R}^2} |\nabla u_b|^2 \mathrm{d}x\right)^2 + \frac{1}{2}\int_{\mathbb{R}^2} V(x) u_b^2 \mathrm{d}x \\ &= e(b) + \frac{\beta}{p+2}\int_{\mathbb{R}^2} |u_b|^{p+2} \mathrm{d}x \le C + \frac{\beta}{2\|\phi_p\|_{L^2}^p}\left(\int_{\mathbb{R}^2} |\nabla u_b|^2 \mathrm{d}x\right)^{\frac{p}{2}}.\end{aligned} \tag{4.2.2}$$

那么可得

$$\frac{1}{2}\int_{\mathbb{R}^2}|\nabla u_b|^2\mathrm{d}x+\frac{1}{2}\int_{\mathbb{R}^2}V(x)u_b^2\mathrm{d}x\leq C+\frac{\beta}{2\|\phi_p\|_{L^2}^p}\left(\int_{\mathbb{R}^2}|\nabla u_b|^2\mathrm{d}x\right)^{\frac{p}{2}}.$$

因为 $0<p<2$, 易知序列 $\{u_b\}$ 当 b 靠近 0 时在 $\mathcal{H}$ 中是有界序列. 那么利用引理 2.2.1, 对于满足当 $k\to+\infty$ 时 $b_k\searrow 0$ 的任意子列 $\{b_k\}$, 存在一个子列(不妨仍记为 $\{b_k\}$) 和 $u_0\in\mathcal{H}$ 使得 当 $k\to\infty$ 时, 有

$$u_{b_k}\rightharpoonup u_0 \text{ 在 } \mathcal{H} \text{ 中弱收敛}, \ u_{b_k}\to u_0 \text{ 在 } L^s(\mathbb{R}^2) \text{ 中强收敛}, \tag{4.2.3}$$

其中 $2\leq s<\infty$. 一方面, 因为 u_b 是问题 (4.1.3) 的极小可达元, 由 (4.2.3) 式可知

$$\begin{aligned}\liminf_{k\to\infty}e(b_k)\geq&\frac{1}{2}\int_{\mathbb{R}^2}|\nabla u_0|^2\mathrm{d}x+\frac{1}{2}\int_{\mathbb{R}^2}V(x)u_0^2\mathrm{d}x\\&-\frac{\beta}{p+2}\int_{\mathbb{R}^2}|u_0|^{p+2}\mathrm{d}x\\=&E_0(u_0)\geq e(0).\end{aligned} \tag{4.2.4}$$

另一方面, 对任意的 $\epsilon>0$, 由下确界的定义知, 存在 $u_\epsilon\in S_1$ 使得

$$E_0(u_\epsilon)\leq e(0)+\epsilon.$$

类似于 (4.2.1) 式和 (4.2.2) 式, 可以证明当 ϵ 充分小时, 序列 $\{u_\epsilon\}$ 在 $\mathcal{H}$ 是有界序列, 从而可得

$$\begin{aligned}\limsup_{k\to\infty}e(b_k)\leq\limsup_{k\to\infty}E_{b_k}(u_\epsilon)=E_0(u_\epsilon)+\limsup_{k\to\infty}\left[\frac{b_k}{4}\left(\int_{\mathbb{R}^2}|\nabla u_\epsilon|^2\mathrm{d}x\right)^2\right]\\\leq e(0)+\epsilon.\end{aligned}$$

上式结合 (4.2.4) 式, 并让 $\epsilon\to 0$, 可得

$$\lim_{k\to\infty}e(b_k)=e(0)=E_0(u_0).$$

这就推出 u_0 是 $e(0)$ 的极小可达元. 同时由 (4.2.3) 式和 (4.2.4) 式, 可知当 $k \to \infty$ 时, $u_{b_k} \to u_0$ 在 $\mathcal{H}$ 中强收敛.

情形 2: $p=2$ 和 $0<\beta<\beta_*$. 令 u_b 为问题 (4.1.3) 在参数 $b>0$ 时的极小可达元, 类似地可以得到

$$e(b) \le E_b(\eta) \le C < \infty,$$

其中 $\eta(x) \in C_0^\infty(\mathbb{R}^2) \bigcap S_1$ 为任意固定函数, 正常数 $C>0$ 的取值不依赖于 b. 此外, 由 (2.1.1) 式可得

$$\begin{aligned} C \ge e(b) &= \frac{1}{2}\int_{\mathbb{R}^2} |\nabla u_b|^2 \mathrm{d}x + \frac{b}{4}\left(\int_{\mathbb{R}^2} |\nabla u_b|^2 \mathrm{d}x\right)^2 + \frac{1}{2}\int_{\mathbb{R}^2} V(x) u_b^2 \mathrm{d}x \\ &\quad - \frac{\beta}{4}\int_{\mathbb{R}^2} |u_b|^4 \mathrm{d}x \\ &\ge \frac{\beta_* - \beta}{2\beta_*}\int_{\mathbb{R}^2} |\nabla u_b|^2 \mathrm{d}x + \frac{1}{2}\int_{\mathbb{R}^2} V(x) u_b^2 \mathrm{d}x. \end{aligned}$$

由上式易知序列 $\{u_b\}$ 在 $\mathcal{H}$ 中是有界序列. 类似情形 1 的证明, 存在 $u_0 \in \mathcal{H}$ 满足 (4.2.3) 式. 一方面, 因为 u_b 是问题 (4.1.3) 的极小可达元, 则类似的可以推出 (4.2.4). 另一方面, 对任意的 $\epsilon > 0$, 由下确界的定义可知, 存在 $u_\epsilon \in S_1$ 满足

$$\begin{aligned} \limsup_{k\to\infty} e(b_k) \le \limsup_{k\to\infty} E_{b_k}(u_\epsilon) &= E_0(u_\epsilon) + \limsup_{k\to\infty}\left[\frac{b_k}{4}\left(\int_{\mathbb{R}^2} |\nabla u_\epsilon|^2 \mathrm{d}x\right)^2\right] \\ &\le e(0) + \epsilon. \end{aligned}$$

从而, 类似情形 1 可以推出

$$\lim_{k\to\infty} e(b_k) = e(0) = E_0(u_0).$$

上式说明 u_0 是 $e(0)$ 的极小可达元, 同时由 (4.2.3) 式和 (4.2.4) 式可知, 当 $k \to \infty$ 时, 在 $\mathcal{H}$ 中 $u_{b_k} \to u_0$. □

4.2.2 一般位势下的爆破分析

在给出定理 4.1.2 的证明之前, 下面首先对极小可达元 u_b 在 $b \searrow 0$ 时做一些精细的刻画, 即下面的引理.

引理 4.2.1. 令 $p=2$ 和 $\beta=\beta_*$, 设 $V(x)$ 满足条件 (4.1.6), 且 u_b ($b>0$) 是问题 (4.1.3) 的极小可达元, 则当 $b \searrow 0$ 时有

$$0<e(b)\to 0,\quad \int_{\mathbb{R}^2}|\nabla u_b|^2\mathrm{d}x\to+\infty \tag{4.2.5}$$

且

$$b\left(\int_{\mathbb{R}^2}|\nabla u_b|^2\mathrm{d}x\right)^2\to 0,\quad \int_{\mathbb{R}^2}V(x)u_b^2\mathrm{d}x\to 0, \tag{4.2.6}$$

其中 β_* 由 (4.1.4) 式定义.

证明. 对任意的 $b>0$, 令 u_b 为问题 (4.1.3) 的任意极小可达元, 由 Gagliardo-Nirenberg 不等式 (2.1.2) 知

$$\begin{aligned}e(b)=E_b(u_b)&=\frac{1}{2}\int_{\mathbb{R}^2}|\nabla u_b|^2\mathrm{d}x+\frac{b}{4}\left(\int_{\mathbb{R}^2}|\nabla u_b|^2\mathrm{d}x\right)^2\\&\quad+\frac{1}{2}\int_{\mathbb{R}^2}V(x)u_b^2\mathrm{d}x-\frac{\beta}{4}\int_{\mathbb{R}^2}|u_b|^4\mathrm{d}x\\&\geq\frac{b}{4}\left(\int_{\mathbb{R}^2}|\nabla u_b|^2\mathrm{d}x\right)^2+\frac{1}{2}\int_{\mathbb{R}^2}V(x)u_b^2\mathrm{d}x>0.\end{aligned} \tag{4.2.7}$$

选取 $\varphi(x)\in C_0^\infty(\mathbb{R}^2)$, 其中 $0\le\varphi(x)\le 1$, 且若 $|x|\le 1$, $\varphi(x)\equiv 1$, 若 $|x|\ge 2$, $\varphi(x)\equiv 0$, 以及 $|\nabla\varphi(x)|\le 2$. 对任意给定的 $x_0\in\mathbb{R}^2$, 定义

$$u_\tau(x)=\frac{A_\tau\tau}{\|Q\|_{L^2}}\varphi(x-x_0)Q(\tau(x-x_0)), \tag{4.2.8}$$

其中 $A_\tau>0$ 的选取满足 $\|u_\tau\|_{L^2}=1$, $Q(x)$ 由 (2.1.1) 式定义. 那么, 由 (2.1.4) 可得当 $\tau\to\infty$ 时有

$$\frac{1}{A_\tau^2}=1+\frac{1}{\|Q\|_{L^2}^2}\int_{\mathbb{R}^2}\left(\varphi^2(x/\tau)-1\right)Q^2(x)\mathrm{d}x=1+O(\tau^{-\infty})\to 1, \tag{4.2.9}$$

其中 $f(t)=O(t^{-\infty})$ 表示对所有的 $m>0$, 函数 f 满足 $\lim_{t\to\infty}|f(t)|t^m=0$. 此外, 由 (2.1.1) 式~(2.1.4) 式以及 (4.2.9) 式可得

$$\begin{aligned}\int_{\mathbb{R}^2}|\nabla u_\tau|^2\mathrm{d}x&=\frac{A_\tau^2\tau^2}{\|Q\|_{L^2}^2}\int_{\mathbb{R}^2}|\nabla\varphi(x-x_0)Q(\tau(x-x_0))\\&\quad+\tau\varphi(x-x_0)\nabla Q(\tau(x-x_0))|^2\mathrm{d}x\\&=\tau^2+O(\tau^{-\infty}),\end{aligned}\tag{4.2.10}$$

$$\begin{aligned}\int_{\mathbb{R}^2}|u_\tau|^4\mathrm{d}x&=\frac{A_\tau^4\tau^4}{\|Q\|_{L^2}^4}\int_{\mathbb{R}^2}\varphi^4(x-x_0)Q^4(\tau(x-x_0))\mathrm{d}x\\&=\frac{2\tau^2}{\beta_*}+O(\tau^{-\infty}),\end{aligned}\tag{4.2.11}$$

$$\begin{aligned}\int_{\mathbb{R}^2}V(x)u_\tau^2\mathrm{d}x&=\frac{A_\tau^2\tau^2}{\|Q\|_{L^2}^2}\int_{\mathbb{R}^2}V(x)\varphi^2(x-x_0)Q^2(\tau(x-x_0))\mathrm{d}x\\&=\frac{A_\tau^2}{\|Q\|_{L^2}^2}\int_{\mathbb{R}^2}V(x/\tau+x_0)\varphi^2(x/\tau)Q^2(x)\mathrm{d}x.\\&=V(x_0)+o(1),\end{aligned}\tag{4.2.12}$$

其中当 $\tau\to+\infty$ 时, $o(1)\to 0$. 由于 $\beta=\beta_*$, 利用 (4.2.7) 和 (4.2.10)~(4.2.12) 可得

$$0<e(b)\le E_b(u_\tau)=\frac{b}{4}\tau^4+\frac{1}{2}V(x_0)+o(1)+O(\tau^{-\infty}).\tag{4.2.13}$$

选取 $x_0\in\mathbb{R}^2$ 满足 $V(x_0)=0$, 利用 (4.2.7) 和 (4.2.13), 首先令 $b\searrow 0$, 然后让 $\tau\to+\infty$, 可得当 $b\searrow 0$ 时有

$$0<e(b)\to 0,\tag{4.2.14}$$

且

$$b\left(\int_{\mathbb{R}^2}|\nabla u_b|^2\mathrm{d}x\right)^2\to 0,\quad \int_{\mathbb{R}^2}V(x)u_b^2\mathrm{d}x\to 0.\tag{4.2.15}$$

我们断言

$$\text{当 } b\searrow 0 \text{ 时}, \int_{\mathbb{R}^2}|\nabla u_b|^2\mathrm{d}x\to+\infty.\tag{4.2.16}$$

若不然, 则存在一个当 $k \to +\infty$ 时, $b_k \searrow 0$ 的序列 $\{b_k\}$ 以及 $M > 0$ 满足

$$\int_{\mathbb{R}^2} |\nabla u_{b_k}|^2 \mathrm{d}x \leq M.$$

那么由 (4.2.15) 可知序列 $\{u_{b_k}\}$ 在 $\mathcal{H}$ 中是有界的, 从而由引理 2.2.1 可得, 存在一个子列(不妨仍记为 $\{u_{b_k}\}$) 以及 $u_0 \in \mathcal{H}$, 使得当 $k \to \infty$ 时, 有

$$u_{b_k} \rightharpoonup u_0 \text{ 在 } \mathcal{H} \text{ 中弱收敛}, \ u_{b_k} \to u_0 \text{ 在 } L^s(\mathbb{R}^2) \text{ 中强收敛}, \tag{4.2.17}$$

其中 $2 \leq s < \infty$. 那么, 由 (4.2.14), (4.2.15) 和 (4.2.17) 可得

$$e(0) \leq E_0(u_0) \leq \lim_{k\to\infty} E_{b_k}(u_{b_k}) = \lim_{k\to\infty} e(b_k) = 0 = e(0).$$

上式说明 u_0 是 $e(0)$ 的极小可达元, 然而由定理 1.1.2 知, 当 $b = 0$ 且 $\beta = \beta_*$时, $e(0)$ 不存在极小可达元. 因此我们的断言 (4.2.16) 成立, 这就完成了该引理的证明. □

引理 4.2.2. 在引理 4.2.1 的条件假设下, 对于任意给定的 $b > 0$, 令 u_b 为问题 (4.1.3) 相应的极小可达元, 则当 $b > 0$ 充分小时, u_b 有全局极大值点. 任意选取 u_b 的全局最大值点, 记作 z_b, 记

$$\epsilon_b = \left(\int_{\mathbb{R}^2} |\nabla u_b|^2 \mathrm{d}x\right)^{-\frac{1}{2}} \quad \text{且} \quad w_b(x) = \epsilon_b u_b(\epsilon_b x + z_b), \tag{4.2.18}$$

那么存在正常数 $M > 0$ 满足

$$\liminf_{b\searrow 0} \int_{B_2(0)} w_b^2(x) \mathrm{d}x \geq M > 0. \tag{4.2.19}$$

证明. 对于任意给定的 $b > 0$, 令 u_b 为问题 (4.1.3) 的相应的极小可达元, 则由拉格朗日乘子原理知极小可达元 $u_b(x)$ 满足下面的方程

$$-\left(1 + b\int_{\mathbb{R}^2} |\nabla u_b|^2 \mathrm{d}x\right) \Delta u_b + V(x) u_b = \beta_* u_b^3 + \lambda_b u_b, \ x \in \mathbb{R}^2, \tag{4.2.20}$$

其中 $\lambda_b \in \mathbb{R}$ 是极小可达元 u_b 所对应的适当的朗格朗日乘子. 此外, 还可以得到

$$e(b) = \frac{1}{2}\int_{\mathbb{R}^2} |\nabla u_b|^2 \mathrm{d}x + \frac{b}{4}\left(\int_{\mathbb{R}^2} |\nabla u_b|^2 \mathrm{d}x\right)^2 + \frac{1}{2}\int_{\mathbb{R}^2} V(x)u_b^2 \mathrm{d}x - \frac{\beta_*}{4}\int_{\mathbb{R}^2} u_b^4 \mathrm{d}x. \tag{4.2.21}$$

上式结合 (4.2.5) 式和 (4.2.6) 式推出

$$\text{当 } b \searrow 0 \text{ 时, } \epsilon_b^2 \int_{\mathbb{R}^2} u_b^4 \mathrm{d}x \to \frac{2}{\beta_*}. \tag{4.2.22}$$

那么, 由 (4.2.18) 式和 (4.2.22) 式可得当 $b \searrow 0$,

$$\int_{\mathbb{R}^2} |\nabla w_b|^2 \mathrm{d}x = 1, \int_{\mathbb{R}^2} w_b^2 \mathrm{d}x = 1, \text{ 且 } \int_{\mathbb{R}^2} w_b^4 \mathrm{d}x \to \frac{2}{\beta_*}. \tag{4.2.23}$$

因为 $u_b \in S_1$, 那么在方程 (4.2.20) 式两边同时乘以 u_b 并在 $\mathbb{R}^2$ 上积分可得

$$\lambda_b = \left(1 + b\int_{\mathbb{R}^2} |\nabla u_b|^2 \mathrm{d}x\right)\int_{\mathbb{R}^2} |\nabla u_b|^2 \mathrm{d}x + \int_{\mathbb{R}^2} V(x)u_b^2 \mathrm{d}x - \beta_* \int_{\mathbb{R}^2} u_b^4 \mathrm{d}x.$$

上式联合 (4.2.5) 式, (4.2.6) 式以及 (4.2.23) 式可得

$$\text{当 } b \searrow 0 \text{ 时, } \epsilon_b^2 \lambda_b \to -1. \tag{4.2.24}$$

因此, 当 $b > 0$ 充分小时,

$$\epsilon_b^2 \lambda_b < 0.$$

从而, 根据 (4.2.20) 式可得

$$-\Delta u_b - c(x)u_b \leq 0, \quad \text{其中 } c(x) = \beta_* u_b^2(x). \tag{4.2.25}$$

更进一步, 利用文献 [35] 定理 4.1 的证明可得

$$\max_{B_1(\xi)} u_b(x) \leq C\left(\int_{B_2(\xi)} |u_b|^2 \mathrm{d}x\right)^{\frac{1}{2}}, \tag{4.2.26}$$

其中 ξ 是 $\mathbb{R}^2$ 中的任意点, C 是仅依赖于 $\|u_b\|_{L^4(B_2(\xi))}$ 的取值大小的常数. 因此, 当 $b>0$ 充分小时, 对于任意给定的 $b>0$, 利用 (4.2.26) 式可得

$$\text{当 } |x|\to\infty \text{ 时, } u_b(x)\to 0.$$

上式说明当 $b>0$ 充分小时, 问题 (4.1.3) 的极小可达元 u_b 存在全局极大值点.

任意选取 u_b 的全局极大值点, 记作 z_b, 定义

$$w_b(x)=\epsilon_b u_b(\epsilon_b x+x_b).$$

那么, 利用 (4.2.20) 式以及 $w_b(x)$ 的定义可知, $w_b(x)$ 满足下面的方程

$$\begin{aligned}&-\left(1+b\epsilon_b^{-2}\right)\Delta w_b+\epsilon_b^2V(\epsilon_b x+z_b)w_b(x)\\&=\lambda_b\epsilon_b^2w_b(x)+\beta_*w_b^3(x),\ x\in\mathbb{R}^2.\end{aligned}\tag{4.2.27}$$

类似于 (4.2.24) 式和 (4.2.25) 式的证明过程, 可得

$$\max_{B_1(\xi)}w_b(x)\le C\left(\int_{B_2(\xi)}|w_b|^2\mathrm{d}x\right)^{\frac{1}{2}},\tag{4.2.28}$$

其中 ξ 是 $\mathbb{R}^2$ 中的任意点, C 是仅依赖于 $\|w_b\|_{L^4(B_2(\xi))}$ 取值大小的常数. 因为 $x=z_b$ 是 u_b 的全局极大值点, 由 w_b 的定义可知 $x=0$ 是 w_b 的全局极大值点, 我们断言存在正常数 $\eta>0$, 使得对于一致的 $b\searrow 0$ 有

$$w_b(0)\ge\eta.\tag{4.2.29}$$

若不然, 则存在一个满足当 $k\to\infty$ 时, $b_k\searrow 0$ 的序列 $\{b_k\}$, 使得当 $k\to\infty$ 时, $w_{b_k}(0)\to 0$. 那么对于任意的 $r>0$, 可得

$$\text{当 } k\to\infty \text{ 时, } \sup_{y\in\mathbb{R}^2}\int_{B(y,r)}w_{b_k}^2(x)\mathrm{d}x\to 0.$$

从而由上式以及文献 [72] 中引理 1.21 可得当 $k \to \infty$ 时, $\int_{\mathbb{R}^2} w_{b_k}^4 \mathrm{d}x \to 0$, 这显然和 (4.2.23) 式相矛盾. 因此 (4.2.29) 式成立, 进一步利用 (4.2.28) 式和 (4.2.29) 式可推出 (4.2.19) 式. □

引理 4.2.3. 在引理 4.2.1 的条件假设下, 对于任意给定的 $b > 0$, 由引理 4.2.2 所得到的极大值点序列 $\{z_b\}$ 在 $b \searrow 0$ 时是一致有界的, 且对于任意满足当 $k \to +\infty$ 时, $b_k \searrow 0$ 的序列 $\{b_k\}$, 存在子序列(不妨仍记为 $\{b_k\}$) 以及点 $z_0 \in \mathbb{R}^2$ 使得

$$\text{当 } k \to \infty \text{ 时, } z_{b_k} \to z_0, \text{ 其中 } V(z_0) = 0. \tag{4.2.30}$$

证明. 下面用反正法来证明全局极大值点序列 $\{z_b\}$ 在 $b \searrow 0$ 时是一致有界的. 若不然, 假设存在满足当 $k \to \infty$ 时, $b_k \searrow 0$ 的序列 $\{b_k\}$ 使得

$$\text{当 } k \to \infty \text{ 时, } |z_{b_k}| \to \infty. \tag{4.2.31}$$

首先, 利用 (4.2.6) 式和 (4.2.18) 式可得当 $k \to +\infty$ 时,

$$\int_{\mathbb{R}^2} V(\epsilon_{b_k} x + z_{b_k}) w_{b_k}^2(x) \mathrm{d}x = \int_{\mathbb{R}^2} V(x) u_{b_k}^2(x) \mathrm{d}x \to 0. \tag{4.2.32}$$

因为 $V(x)$ 满足条件 (4.1.6), 所以当 $|x| \to \infty$ 时, $V(x) \to \infty$. 那么由 (4.2.19) 式知, 存在正常数 $C_0 > 0$ 满足

$$\liminf_{k\to\infty} \int_{\mathbb{R}^2} V(\epsilon_{b_k} x + z_{b_k}) w_{b_k}^2(x) \mathrm{d}x \ge \liminf_{k\to\infty} C_0 \int_{B_2(0)} w_{b_k}^2(x) \mathrm{d}x \ge M C_0 > 0.$$

这显然和 (4.2.32) 式相矛盾, 因此序列 $\{z_b\}$ 在 $b \searrow 0$ 时是一致有界的. 从而对于满足当 $k \to \infty$ 时, $b_k \searrow 0$ 的任意序列 $\{b_k\}$, 存在一个子列(不妨仍记为 $\{b_k\}$) 以及点 $z_0 \in \mathbb{R}^2$ 满足

$$\text{当 } k \to \infty \text{ 时, } z_{b_k} \to z_0.$$

此外, 由 (4.2.19) 式可得

$$\begin{aligned}\lim_{k\to\infty}\int_{\mathbb{R}^2}V(\epsilon_{b_k}x+z_{b_k})w_{b_k}^2(x)\mathrm{d}x &\geq \frac{V(z_0)}{2}\liminf_{k\to\infty}\int_{B_2(0)}w_{b_k}^2(x)\mathrm{d}x\\ &\geq \frac{M}{2}V(z_0)\geq 0,\end{aligned}$$

上式结合 (4.2.32) 式推出 $V(z_0)$=0. □

4.2.3 定理 4.1.2 的证明

在上面已有的引理结论下, 下面开始证明定理 4.1.2.

定理 4.1.2 的证明: 对于任意给定的 $b>0$, 令 u_b 为问题 (4.1.3) 式相应的非负极小可达元, ϵ_b 和 $w_b(x)$ 由 (4.2.18) 式定义. 那么当 $b\searrow 0$ 时, 由 (4.2.23) 式知序列 $\{w_b\}$ 在 $H^1(\mathbb{R}^2)$ 中是一致有界的, 且对于满足当 $k\to\infty$ 时, $b_k\searrow 0$ 的任意序列 $\{b_k\}$, 存在一个子列(不妨仍记为 $\{b_k\}$) 以及 $w_0\in H^1(\mathbb{R}^2)$ 满足

$$\text{当 } k\to\infty \text{ 时}, \ w_{b_k}\rightharpoonup w_0\geq 0 \text{ 在 } H^1(\mathbb{R}^2) \text{ 中弱收敛}.$$

此外, 类似于 (4.2.27) 式可得, $w_{b_k}(x)$ 满足下面方程

$$\begin{aligned}&-\left(1+b_k\epsilon_{b_k}^{-2}\right)\Delta w_{b_k}+\epsilon_{b_k}^2V(\epsilon_{b_k}x+z_{b_k})w_{b_k}(x)\\ &=\lambda_{b_k}\epsilon_{b_k}^2w_{b_k}(x)+\beta_*w_{b_k}^3(x),\ x\in\mathbb{R}^2.\end{aligned}\tag{4.2.33}$$

因此, 利用引理 4.2.1 以及对 (4.2.33) 式中 w_{b_k} 取弱极限, 可得 $w_0(x)$ 满足下面的方程

$$-\Delta w_0+w_0(x)=\beta_*w_0^3(x),\quad x\in\mathbb{R}^2,\tag{4.2.34}$$

其中 β_* 由 (4.1.4) 式所定义. 因为由 (4.2.19) 式知 $w_0(x)\neq 0$, 且由强极值原理知 $w_0(x)>0$. 因此对于 $p=2$ 以及 $N=2$, 由 (2.1.1) 式的径向对称正解的

唯一性知, 在平移不变下可存在 $x_0 \in \mathbb{R}^2$ 满足

$$w_0(x) = \frac{1}{\|Q\|_{L^2}} Q(|x - x_0|), \tag{4.2.35}$$

其中 $Q(x)$ 是 (2.1.1) 式当 $p = 2$ 以及 $N = 2$ 时在平移不变下径向对称唯一正解. 那么由 (2.1.3) 式, (4.2.23) 式和 (4.2.35) 式可得

$$\text{当 } k \to \infty \text{ 时, } w_{b_k} \to w_0 = \frac{1}{\|Q\|_{L^2}} Q(|x-x_0|) \text{ 在 } H^1(\mathbb{R}^2) \text{ 中强收敛.} \tag{4.2.36}$$

根据条件 (4.1.6), 可知对于某个 $\alpha \in (0,1)$, $V(x) \in C^{\alpha}_{loc}(\mathbb{R}^2, \mathbb{R}^+)$. 那么类似于文献 [31] 中定理 1.2 的证明, 由 (4.2.33) 式和 (4.2.36) 式可以推出

$$\text{当 } k \to \infty \text{ 时, } w_{b_k}(x) \overset{k}{\to} w_0(x) \text{ 在 } C^2_{loc}(\mathbb{R}^2) \text{ 中强收敛.} \tag{4.2.37}$$

根据 (4.2.18) 式中 $w_b(x)$ 的定义, 可知对于所有的 $k > 0$, $x = 0$ 是 w_{b_k} 的临界点(极大值点). 因此由 (4.2.37) 式知 $x = 0$ 也是 w_0 的临界点(极大值点). 因为由文献 [20, 71] 知 $Q(x)$ 关于原点是径向对称的且关于 $|x|$ 是严格单调递减的, 那么 $w_0(x)$ 有唯一的全局极大值点 $x = 0$. 从而可得 $x_0 = 0$, 即

$$w_0(x) = \frac{1}{\|Q\|_{L^2}} Q(|x|).$$

由 (4.2.29) 式知在每一个全局最大值点的函数值 $w_{b_k}(0) \geq \eta > 0$ 对于 k 充分大时一致成立, 且由 (4.2.23) 式, (4.2.28) 式以及 (4.2.37) 式有当 $|x| \to \infty$ 时, $w_{b_k}(x)$ 对于 k 一致衰减到 0. 因为 $x = 0$ 是 $w_0(x)$ 的唯一临界点, 那么由 (4.2.37) 式知 $w_{b_k}(x)$ 的所有最大值点必须靠近原点且当 $k \to \infty$ 时包含于小球 $B_\delta(0)$ 中. 取充分小的 δ, 使得对于 $0 \leq r \leq \delta$ 有 $w_0''(r) < 0$. 那么由文献 [59] 引理 4.2 可得, 对于充分大的 k, $w_{b_k}(x)$ 除了原点之外没有临界点. 因此, 对于充分大的 k, z_{b_k} 是 $u_{b_k}(x)$ 的唯一最大值点, 并且由 (4.2.30) 式知当 $k \to \infty$ 时, z_{b_k} 收敛到位势 $V(x)$ 全局极小值点. □

4.3 多项式位势下精细的爆破行为

4.3.1 精细的能量估计

在这一部分将对于具体的多项式位势 $V(x)$ 来讨论问题 (4.1.3) 极小可达元在 $b \searrow 0$ 时精细的集中行为. 首先对极小能量 $e(b)$ 进行精细估计, 然后给出极小可达元精细的爆破速率. 下面的引理给出了极小能量 $e(b)$ 的上界估计.

引理 4.3.1. 在定理 4.1.2 的条件假设下, 令 $V(x)$ 满足额外的条件 (4.1.9), 则

$$\limsup_{b\searrow 0}\frac{e(b)}{b^{\frac{q}{q+4}}}\leq\frac{4+q}{4q}\lambda^4, \tag{4.3.1}$$

其中 q 和 λ 分别由 (4.1.10) 式和 (4.1.11) 式定义.

证明. 类似 (4.2.8) 式选取 $u_\tau(x)$ 以及 $x_{j_0}\in\mathcal{Z}$, 其中 $\mathcal{Z}$ 由 (4.1.12) 式定义, 则

$$\begin{aligned}&\int_{\mathbb{R}^2}V(x)u_\tau^2\mathrm{d}x\\&=\frac{A_\tau^2}{\|Q\|_{L^2}^2}\int_{\mathbb{R}^2}V(x/\tau+x_{j_0})\varphi^2(x/\tau)Q^2(x)\mathrm{d}x\\&\leq\frac{A_\tau^2}{\tau^q\|Q\|_{L^2}^2}\int_{\mathbb{R}^2}\chi_{B_{2\tau}(0)}(x)\overline{V}_{j_0}(x/\tau+x_{j_0})|x|^qQ^2(x)\mathrm{d}x,\end{aligned}\tag{4.3.2}$$

其中 $\chi_{B_{2\tau}(0)}(x)$ 是定义在 $B_{2\tau}(0)$ 上的特征函数, $\overline{V}_{j_0}(x)$ 由 (4.1.10) 式定义.

因为

$$\chi_{B_{2\tau}(0)}(x)\overline{V}_{j_0}(x/\tau+x_{j_0})|x|^qQ^2(x)\leq\sup_{x\in B_2(0)}\overline{V}_{j_0}(x+x_{j_0})|x|^qQ^2(x)$$

以及

$$\text{当 }\tau\to\infty\text{ 时, }\chi_{B_{2\tau}(0)}(x)\overline{V}_{j_0}(x/\tau+x_{j_0})|x|^qQ^2(x)\to\kappa_{j_0}|x|^qQ^2(x)$$

在 $\mathbb{R}^2$ 上几乎处处成立, 其中 κ_{j_0} 由 (4.1.10) 式定义. 那么当 $b \searrow 0$ 时, 选取 $\tau = \frac{\lambda}{b^{\frac{1}{q+4}}} \to \infty$, 则由 (4.1.11) 式, (4.3.2) 式以及控制收敛定理可得

$$\limsup_{b\searrow 0} \frac{\int_{\mathbb{R}^2} V(x)u_\tau^2 \mathrm{d}x}{b^{\frac{q}{q+4}}} \le \frac{2}{q}\lambda^4. \tag{4.3.3}$$

此外, 利用 (4.2.10)式~(4.2.12) 式可得

$$e(b) = \frac{b^{\frac{q}{q+4}}}{4}\lambda^4 + \frac{1}{2}\int_{\mathbb{R}^2} V(x)u_\tau^2 \mathrm{d}x + O(\tau^{-\infty}).$$

上式联合 (4.3.3) 式推出

$$\limsup_{b\searrow 0} \frac{e(b)}{b^{\frac{q}{q+4}}} \le \frac{1}{4}\lambda^4 + \frac{1}{q}\lambda^4 = \frac{4+q}{4q}\lambda^4.$$

□

下面给出极小能量 $e(b)$ 的下界估计.

引理 4.3.2.　在引理 4.3.1 的条件假设下有

$$\liminf_{b\searrow 0} \frac{e(b)}{b^{\frac{q}{q+4}}} \ge \frac{4+q}{4q}\lambda^4. \tag{4.3.4}$$

此外,

$$\text{当 } k \to \infty \text{ 时, } \frac{z_{b_k} - z_0}{\epsilon_{b_k}} \to 0 \text{ 且 } z_0 \in \mathcal{Z}, \tag{4.3.5}$$

其中 z_{b_k}, z_0 和 ϵ_{b_k} 是由定理 4.1.2 得到, 且 $\mathcal{Z}$ 由 (4.1.12) 式定义.

证明.　利用定理 4.1.2, 可知当 $k \to \infty$ 时, $z_{b_k} \to z_0$, 且 $V(z_0) = 0$. 由 $V(x)$ 的定义, 假设对某个 $1 \le j_0 \le n$ 满足 $z_0 = x_{j_0}$. 定义

$$\rho_k = \frac{1}{\epsilon_{b_k}^{q_{j_0}}} \int_{\mathbb{R}^2} V(\epsilon_{b_k} x + z_{b_k}) w_{b_k}^2(x) \mathrm{d}x, \tag{4.3.6}$$

其中 w_{b_k} 由 (4.2.18) 定义, 那么由 (2.1.1) 式可得

$$\begin{aligned} e(b_k) = E_{b_k}(u_{b_k}) &\geq \frac{b}{4\epsilon_{b_k}^4} + \frac{\rho_k}{2}\epsilon_{b_k}^{q_{j_0}} \\ &\geq b_k^{\frac{q_{j_0}}{q_{j_0}+4}} \left(\frac{4+q_{j_0}}{4q_{j_0}}\right)\left(\frac{q_{j_0}\rho_k}{2}\right)^{\frac{4}{q_{j_0}+4}}. \end{aligned} \tag{4.3.7}$$

下面首先证明序列 $\{\frac{z_{b_k}-x_{j_0}}{\epsilon_{b_k}}\}$ 是有界序列. 若不然, 在子列的意义下有

$$当\ k\to\infty\ 时,\ |\frac{z_{b_k}-x_{j_0}}{\epsilon_{b_k}}|\to+\infty.$$

那么对于任意的 $M>0$, 由定理 4.1.2 可得

$$\begin{aligned} \liminf_{k\to\infty}\rho_k = \liminf_{k\to\infty}\int_{\mathbb{R}^2}\overline{V}_{j_0}(\epsilon_{b_k}x+z_{b_k})\left|x+\frac{z_{b_k}-x_{j_0}}{\epsilon_{b_k}}\right|^{q_{j_0}} \\ \cdot w_{b_k}^2(x)\mathrm{d}x \\ \geq M>0, \end{aligned} \tag{4.3.8}$$

其中 $\overline{V}_{j_0}$ 由 (4.1.10) 式定义. 显然由 (4.3.1) 式, (4.3.7) 式和 $q_{j_0}\leq q$ 知 (4.3.8) 式是不成立的, 因此序列 $\{\frac{z_{b_k}-x_{j_0}}{\epsilon_{b_k}}\}$ 是有界序列. 从而在子列的意义下, 不妨仍记为 $\{\frac{z_{b_k}-x_{j_0}}{\epsilon_{b_k}}\}$, 存在 $x_0\in\mathbb{R}^2$ 满足

$$当\ k\to\infty\ 时,\ \frac{z_{b_k}-x_{j_0}}{\epsilon_{b_k}}\to x_0. \tag{4.3.9}$$

因为 $Q(x)$ 是径向对称的且当 $|x|\to\infty$ 时是指数衰退的, 进而由 (4.1.7) 式, (4.3.6) 式, (4.3.9) 式和 Fatou's 引理可得

$$\begin{aligned} \liminf_{k\to\infty}\rho_k &\geq \frac{\overline{V}_{j_0}(x_{j_0})}{\|Q\|_{L^2}^2}\int_{\mathbb{R}^2}|x+x_0|^{q_{j_0}}Q^2(x)\mathrm{d}x \\ &\geq \frac{\overline{V}_{j_0}(x_{j_0})}{\|Q\|_{L^2}^2}\int_{\mathbb{R}^2}|x|^{q_{j_0}}Q^2(x)\mathrm{d}x. \end{aligned} \tag{4.3.10}$$

其中, (4.3.10) 式最后一个不等式取等号当且仅当 $x_0=0$. 因为当 $k\to\infty$ 时, $b_k\searrow 0$, 从而由 (4.3.1) 式, (4.3.7) 式和 (4.3.10) 式推出 $q_{j_0}=q$, 且

$$\liminf_{k\to\infty}\rho_k\geq\frac{\overline{V}_{j_0}(x_{j_0})}{\|Q\|_{L^2}^2}\int_{\mathbb{R}^2}|x|^qQ^2(x)\mathrm{d}x=\frac{2}{q}\lambda_{j_0}^{q+4}\geq\frac{2}{q}\lambda^{q+4}. \tag{4.3.11}$$

因此, 由 (4.3.7) 式和 (4.3.11) 式推出

$$\liminf_{k\to\infty}\frac{e(b_k)}{b_k^{\frac{q}{q+4}}}\geq\frac{4+q}{4q}\lambda^4. \tag{4.3.12}$$

上式联合 (4.3.1) 式可得

$$\liminf_{k\to\infty}\frac{e(b_k)}{b_k^{\frac{q}{q+4}}}=\frac{4+q}{4q}\lambda^4.$$

那么由上式知 (4.3.10) 式和 (4.3.11) 式中最后一个不等号必须是等号, 从而可以推出 $\lambda_{j_0}=\lambda$, $x_{j_0}=z_0\in\mathcal{Z}$ 以及 $x_0=0$. 因为选取的序列 $\{b_k\}$ 是满足当 $k\to$ 时, $b_k\searrow 0$ 的任意序列, 从而由 (4.3.12) 式知 (4.3.4) 成立. □

引理 4.3.3.　在引理 4.3.1 的条件假设下有

$$\lim_{b\searrow 0}\frac{b^{\frac{1}{q+4}}}{\epsilon_b}=\lambda, \tag{4.3.13}$$

其中 ϵ_b 由定理 4.1.2 中 (4.1.8) 式定义, 且 λ 由 (4.1.11) 式定义.

证明.　若 (4.3.13) 式不成立, 则存在满足当 $k\to\infty$ 时, $b_k\searrow 0$ 的序列 $\{b_k\}$ 以及 $\theta\in[0,\lambda)\bigcup(\lambda,+\infty]$ 使得

$$\lim_{k\to\infty}\frac{b_k^{\frac{1}{q+4}}}{\epsilon_{b_k}}=\theta. \tag{4.3.14}$$

首先由 (4.3.7) 可得

$$e(b_k)\geq\frac{b_k^{\frac{q}{q+4}}}{4\left(\frac{\epsilon_{b_k}}{b_k^{\frac{1}{q+4}}}\right)^4}+\frac{\rho_k}{2}\left(\frac{\epsilon_{b_k}}{b_k^{\frac{1}{q+4}}}\right)^q b_k^{\frac{q}{q+4}}. \tag{4.3.15}$$

若 $r=0$, 或者 $r=+\infty$, 那么由 (4.3.11) 式和 (4.3.15) 式可得

$$\liminf_{k\to\infty}\frac{e(b_k)}{b_k^{\frac{q}{q+4}}}=+\infty.$$

这显然和 (4.3.4) 式相矛盾.

若 $r \in (0,+\infty)\backslash\lambda$, 那么由 (4.3.11) 式, (4.3.14) 式和 (4.3.15) 式可得

$$\liminf_{k\to\infty}\frac{e(b_k)}{b_k^{\frac{q}{q+4}}}\geq\frac{\theta^4}{4}+\frac{\lambda^{q+4}}{q\theta^q}>\frac{4+q}{4q}\lambda^4, \tag{4.3.16}$$

这显然也和 (4.3.4) 式相矛盾, 从而假设不成立, 因此 (4.3.13) 式成立. □

4.3.2 定理 4.1.3 的证明

下面对具体的多项式位势 $V(x)$ 情形来证明定理 4.1.3.

定理 4.1.3 的证明: (i) 由引理 4.3.1, 引理 4.3.2 和引理 4.3.3, 我们完成了 (i) 的证明.

(ii) 定义

$$\overline{\epsilon}_b = b^{\frac{1}{q+4}}, \tag{4.3.17}$$

其中 q 由 (4.1.10) 式定义. 对于任意给定的 $b>0$, 令 u_b 为问题 (4.1.3) 式的相应的非负极小可达元, 由 (4.2.7) 式和 (4.3.1) 式知, 当 b 充分小时, 存在不依赖于参数 b 的正常数 $C>0$ 满足

$$\int_{\mathbb{R}^2}V(x)u_b^2(x)\mathrm{d}x\leq C\overline{\epsilon}_b^q. \tag{4.3.18}$$

对于所有的 $1\leq i\leq n$, 定义 $L^2(\mathbb{R}^2)$ 范数不变函数如下

$$w_b^{(i)}(x)=\overline{\epsilon}_b u_b(\overline{\epsilon}_b x+x_i), \tag{4.3.19}$$

其中 x_i 由条件 (4.1.9) 定义. 那么由 (4.3.13) 式和 (4.3.19) 式可得当 $b\searrow 0$ 时,

$$\int_{\mathbb{R}^2}|\nabla w_b^{(i)}|^2\mathrm{d}x\to\lambda^2 \text{ 且 } \int_{\mathbb{R}^2}V(\epsilon_b x+x_i)|w_b^{(i)}(x)|^2\mathrm{d}x\leq C\overline{\epsilon}_b^q. \tag{4.3.20}$$

由上式可推出 $\{w_b^{(i)}\}$ 在 $H^1(\mathbb{R}^2)$ 中是一致有界的.

对任意的 $\mu>0$, 由 (4.3.19) 式可得

$$\int_{\{V(x)\geq\mu\bar{\epsilon}_b^q\}}u_b^2(x)\mathrm{d}x\leq\frac{1}{\mu\bar{\epsilon}_b^q}\int_{\mathbb{R}^2}V(x)u_b^2(x)\mathrm{d}x\leq\frac{C}{\mu}. \tag{4.3.21}$$

当 b 充分靠近 0 时, 由条件 (4.1.9) 知存在不依赖于参数 b 的正常数 $C>0$ 满足

$$\{x\in\mathbb{R}^2:V(x)\leq\mu\bar{\epsilon}_b^q\}\subset\bigcup_{i=1}^n B(x_i,C\mu^{\frac{1}{q}}\bar{\epsilon}_b), \tag{4.3.22}$$

其中 $B(x_i,C\mu^{\frac{1}{q}}\bar{\epsilon}_b)$ 是 n 个半径为 $C\mu^{\frac{1}{q}}\bar{\epsilon}_b$ 的不相交的球. 进而可以推出

$$\begin{aligned}\int_{\{V(x)\geq\mu\bar{\epsilon}_b^q\}}u_b^2(x)\mathrm{d}x&=1-\int_{\{V(x)\leq\mu\bar{\epsilon}_b^q\}}u_b^2(x)\mathrm{d}x\\&\geq1-\sum_{i=1}^n\int_{\{|x-x_i|\leq C\mu^{\frac{1}{q}}\bar{\epsilon}_b\}}u_b^2(x)\mathrm{d}x\\&=1-\sum_{i=1}^n\int_{\{|x|\leq C\mu^{\frac{1}{q}}\}}w_b^{(i)}(x)^2\mathrm{d}x.\end{aligned}$$

特别地有

$$1\geq\sum_{i=1}^n\int_{\{|x|\leq C\mu^{\frac{1}{q}}\}}w_b^{(i)}(x)^2\mathrm{d}x\geq1-\frac{C}{\mu}. \tag{4.3.23}$$

由于序列 $\{w_b^{(i)}\}$ 在 $H^1(\mathbb{R}^2)$ 中是一致有界的, 则存在满足当 $k\to\infty$ 时, $b_k\searrow0$ 的序列 $\{b_k\}$ 以及适当的函数 $w_0^{(i)}\in H^1(\mathbb{R}^2)(1\leq i\leq n)$, 使得当 $k\to\infty$ 时, 有

$$\begin{cases}w_{b_k}^{(i)}\rightharpoonup w_0^{(i)}\text{ 在 }H^1(\mathbb{R}^2)\text{ 中弱收敛},\\w_{b_k}^{(i)}\to w_0^{(i)}\text{ 在 }L^s(\{|x|\leq C\mu^{\frac{1}{q}}\})\text{ 中强收敛},\end{cases} \tag{4.3.24}$$

其中 $s\in[2,\infty)$. 此外由 (4.3.23) 式可得

$$1\geq\sum_{i=1}^n\int_{\{|x|\leq C\mu^{\frac{1}{q}}\}}w_0^{(i)}(x)^2\mathrm{d}x\geq1-\frac{C}{\mu}.$$

由于 μ 是任取的非负数, 从而可得

$$\sum_{i=1}^{n}\|w_0^{(i)}\|_{L^2}^2=1. \tag{4.3.25}$$

因为 u_{b_k} 是问题 (4.1.3) 的非负极小可达元, 则由拉格朗日乘子原理知, 对于适当的朗格朗日乘子 $\lambda_{b_k}\in\mathbb{R}$,$u_{b_k}(x)$ 满足

$$\begin{aligned}&-\left(1+b_k\int_{\mathbb{R}^2}|\nabla u_{b_k}|^2\mathrm{d}x\right)\Delta u_{b_k}+V(x)u_{b_k}\\&=\beta_* u_{b_k}^3+\lambda_{b_k}u_{b_k},\ x\in\mathbb{R}^2,\end{aligned} \tag{4.3.26}$$

其中, β_* 由 (4.1.4) 式定义. 从而可以推出

$$\lambda_{b_k}=2e(b_k)+\frac{b_k}{2}\left(\int_{\mathbb{R}^2}|\nabla u_{b_k}|^2\mathrm{d}x\right)^2-\frac{\beta_*}{2}\int_{\mathbb{R}^2}u_{b_k}^4\mathrm{d}x. \tag{4.3.27}$$

另外由 (4.2.5) 式, (4.2.6) 式, (4.2.22) 式, (4.3.13) 式和 (4.3.17) 式可得

$$\text{当 } k\to\infty \text{ 时, } \lambda_{b_k}\bar{\epsilon}_{b_k}^2\to-\lambda^2. \tag{4.3.28}$$

因为由 (4.3.19) 式和 (4.3.26) 式知 $w_{b_k}(x)$ 是下面方程的非负解

$$\begin{aligned}&-\left(1+b\bar{\epsilon}_{b_k}^{-2}\int_{\mathbb{R}^2}|\nabla w_{b_k}^{(i)}|^2\mathrm{d}x\right)\Delta w_{b_k}^{(i)}+\bar{\epsilon}_{b_k}^2V(\bar{\epsilon}_{b_k}x+x_i)w_{b_k}^{(i)}(x)\\&=\lambda_{b_k}\bar{\epsilon}_{b_k}^2w_{b_k}^{(i)}(x)+\beta_* w_{b_k}^{(i)}(x)^3,\ x\in\mathbb{R}^2.\end{aligned} \tag{4.3.29}$$

那么利用 (4.3.24) 式并对 (4.3.29) 式中的 $w_{b_k}^{(i)}(x)$ 取弱极限, 可知非负函数 $w_0^{(i)}(x)$ 满足

$$-\Delta w_0^{(i)}(x)+\lambda^2w_0^{(i)}(x)=\beta_* w_0^{(i)}(x)^3,\ x\in\mathbb{R}^2. \tag{4.3.30}$$

由强极值原理可知对所有的 $x\in\mathbb{R}^2$, 要么 $w_0^{(i)}\equiv0$, 要么 $w_0^{(i)}>0$. 若对所有的 $x\in\mathbb{R}^2$, $w_0^{(i)}>0$. 那么由 (4.1.4) 式以及方程 (2.1.1) 式径向对称正解的唯一性, 在平移不变的意义下, 对某些 $y_i\in\mathbb{R}^2$ 有

$$w_0^{(i)}(x)=\frac{\lambda}{\|Q\|_{L^2}}Q(\lambda x-y_i). \tag{4.3.31}$$

特别地, 由 (4.3.31) 知要么 $w_0^{(i)} \equiv 0$, 要么 $\|w_0^{(i)}\|_{L^2}^2 = 1$. 从而由 (4.3.25) 可得对所有的 $1 \leq i \leq n$, 只有一个 $w_0^{(i)}$ 具有 (4.3.31) 的形式, 其他的 $w_0^{(i)}$ 均为零函数.

令 $1 \leq i_0 \leq n$ 满足 $\|w_0^{(i_0)}\|_{L^2}^2 = 1$, 则由 (2.1.3) 式, (4.3.19) 式, (4.3.20) 式和 (4.3.31) 式可得

$$\text{当 } k \to \infty \text{ 时, } w_{b_k}^{(i_0)} \to w_0^{i_0} \text{ 在 } H^1(\mathbb{R}^2) \text{ 中强收敛.} \tag{4.3.32}$$

另外根据 (2.1.1) 式和 (4.3.19) 式可得

$$\begin{aligned} e(b_k) = E_{b_k}(u_{b_k}) &= \frac{1}{2\bar{\epsilon}_{b_k}^2}\left(\int_{\mathbb{R}^2} |\nabla w_{b_k}^{(i_0)}|^2 \mathrm{d}x - \frac{\beta_*}{2}\int_{\mathbb{R}^2} w_{b_k}^{(i_0)}(x)^4 \mathrm{d}x\right) \\ &\quad + \frac{b_k}{4\bar{\epsilon}_{b_k}^4}\left(\int_{\mathbb{R}^2} |\nabla w_{b_k}^{(i_0)}|^2 \mathrm{d}x\right)^2 \\ &\quad + \frac{1}{2}\int_{\mathbb{R}^2} V(\bar{\epsilon}_{b_k}x + x_{i_0}) w_{b_k}^{(i_0)}(x)^2 \mathrm{d}x \\ &\geq \frac{b_k}{4\bar{\epsilon}_{b_k}^4}\left(\int_{\mathbb{R}^2} |\nabla w_{b_k}^{(i_0)}|^2 \mathrm{d}x\right)^2 \\ &\quad + \frac{1}{2}\int_{\mathbb{R}^2} V(\bar{\epsilon}_{b_k}x + x_{i_0}) w_{b_k}^{(i_0)}(x)^2 \mathrm{d}x. \end{aligned} \tag{4.3.33}$$

那么由 Fatou's 引理和 (4.3.32) 式得

$$\liminf_{k\to\infty} \bar{\epsilon}_{b_k}^{-q} \int_{\mathbb{R}^2} V(\bar{\epsilon}_{b_k}x + x_{i_0}) w_{b_k}^{(i_0)}(x)^2 \mathrm{d}x \geq \kappa_{i_0} \int_{\mathbb{R}^2} |x|^q w_0^{(i_0)}(x)^2 \mathrm{d}x, \tag{4.3.34}$$

其中 κ_{i_0} 和 q 由 (4.1.10) 式定义. 此外, 因为 $Q(x)$ 关于原点是径向对称的, 且当 $|x| \to \infty$ 时是指数衰退的, 则

$$\begin{aligned} \int_{\mathbb{R}^2} |x|^q w_0^{(i_0)}(x)^2 \mathrm{d}x &= \frac{1}{\lambda^q \|Q\|_{L^2}^2} \int_{\mathbb{R}^2} |x + y_{i_0}|^q Q^2(x) \mathrm{d}x \\ &\geq \frac{1}{\lambda^q \|Q\|_{L^2}^2} \int_{\mathbb{R}^2} |x|^q Q^2(x) \mathrm{d}x, \end{aligned} \tag{4.3.35}$$

其中 (4.3.35) 式最后一个不等式取等号当且仅当 $y_{i_0} = 0$. 特别地, 由 (4.3.31)

式~(4.3.35) 式可得

$$\liminf_{k\to\infty}\frac{e(b_k)}{b_k^{\frac{q}{q+4}}}\ge\frac{1}{4}\left(\int_{\mathbb{R}^2}|\nabla w_0^{(i_0)}|^2\mathrm{d}x\right)^2+\frac{\kappa_{i_0}}{2}\int_{\mathbb{R}^2}|x|^q w_0^{(i_0)}(x)^2\mathrm{d}x$$
$$\ge\frac{\lambda^4}{4}+\frac{\lambda_{i_0}^{q+4}}{q\lambda^q}\ge\frac{q+4}{4q}\lambda^4,\tag{4.3.36}$$

其中 λ_{i_0} 和 λ 由 (4.1.11) 式定义. 因为 (4.3.36) 式最后一个不等式取等号当且仅当 $\lambda_{i_0}=\lambda$, 那么利用 (4.3.1) 式, (4.3.4) 式, (4.3.35) 式和 (4.3.36) 式, 可得 $y_{i_0}=0$ 且 $\lambda_{i_0}=\lambda$, 即 $x_{i_0}\in\mathcal{Z}$. 特别地, 当 $k\to\infty$ 时有

$$w_{b_k}^{(i_0)}(x)=\overline{\epsilon}_{b_k}u_{b_k}(\overline{\epsilon}_{b_k}x+x_{i_0})\to w_0^{(i_0)}(x)=\frac{\lambda}{\|Q\|_{L^2}}Q(\lambda x)\tag{4.3.37}$$

在 $H^1(\mathbb{R}^2)$ 中强收敛, 且对于点 $x_i\in\mathcal{M}\triangleq\{x_j:V(x_j)=0\}\setminus\{x_{i_0}\}$ 有

$$w_{b_k}^{(i)}(x)=\overline{\epsilon}_{b_k}u_{b_k}(\overline{\epsilon}_{b_k}x+x_i)\rightharpoonup 0 \text{ 在 } H^1(\mathbb{R}^2) \text{ 中弱收敛.}\tag{4.3.38}$$

(iii) 对于任意给定的 $b>0$, 令 u_b 为问题 (4.1.3) 式相应的非负极小可达元, 则对于任意满足当 $k\to\infty$ 时, $b_k\searrow 0$ 的序列 $\{b_k\}$, 在子列的意义下(不妨仍记为 $\{b_k\}$), 由定理 4.1.2 知当 $k\to\infty$ 时, 有

$$w_{b_k}(x)=\epsilon_{b_k}u_{b_k}(\epsilon_{b_k}x+z_{b_k})\to\frac{Q(x)}{\|Q\|_{L^2}} \text{ 在 } H^1(\mathbb{R}^2) \text{ 中强收敛,}\tag{4.3.39}$$

其中 $Q(x)$,ϵ_{b_k} 和 w_{b_k} 由 (2.1.1) 式和 (4.2.18) 式定义, 并且当$k\to\infty$时, u_{b_k} 的唯一全局最大值点 $z_{b_k}\to z_0\in\mathcal{Z}$. 此外, 由引理 4.3.3 可得当 $k\to\infty$ 时,

$$\overline{w}_{b_k}(x)\triangleq\overline{\epsilon}_{b_k}u_{b_k}(\overline{\epsilon}_{b_k}x+z_{b_k})\to\frac{\lambda Q(\lambda x)}{\|Q\|_{L^2}} \text{ 在 } H^1(\mathbb{R}^2) \text{ 中强收敛.}\tag{4.3.40}$$

因为 $z_0\in\mathcal{Z}$, 对于某个 $1\le i\le n$, 记 z_0 为 x_i, 那么由 (4.3.38) 式和 (4.3.40) 式可得

$$\overline{w}_{b_k}(x)=w_{b_k}^{(i)}\left(x+\frac{z_{b_k}-z_0}{\overline{\epsilon_{b_k}}}\right).\tag{4.3.41}$$

因为由定理 4.1.3 (i) 知当 $k \to \infty$ 时, $\frac{z_{b_k}-z_0}{\epsilon_{b_k}} \to 0$, 那么由 (4.3.37) 式, (4.3.38) 式和 (4.3.40) 式可知 x_i 必须等于 x_{i_0}, 即 $z_0 = x_{i_0}$. □

第5章 带有椭圆形位势的约束变分极小化问题解的爆破行为

5.1 问题来源和主要结果

考虑如下的约束极小化问题

$$e_\beta := \inf \left\{ E_\beta(u) : u \in \mathcal{H} \text{ 且 } \int_{\mathbb{R}^2} u^2 \mathrm{d}x = 1 \right\}, \tag{5.1.1}$$

其中能量泛函 $E_\beta(\cdot)$ 定义为:

$$E_\beta(u) = \int_{\mathbb{R}^2} (|\nabla u|^2 + V(x)u^2)\mathrm{d}x - \frac{\beta}{2}\int_{\mathbb{R}^2} |u|^4 \mathrm{d}x,\ u \in \mathcal{H}, \tag{5.1.2}$$

$\mathcal{H}$ 为适当的函数空间, 定义详见 (1.1.14) 式, $\beta > 0$, $V(x) \geq 0$ 是位势函数. 该泛函实际上对应于第 4 章中约束变分问题 (4.1.3) 中泛函在 $b = 0$ 时的情形. 约束极小问题 (5.1.1) 和研究波色-爱因斯坦凝聚(BEC) 所提出的 Gross-Pitaevskii (GP) 方程的基态解相关, 参数 $\beta > 0$ 表示 BEC 原子相互吸引, β 的大小表示吸引的强度. 关于(BEC)更多的物理背景, 见文献 [15, 22, 23] 及其参考文献.

如果位势函数 $V(x)$ 满足

$$V(x) \in L^\infty_{loc}(\mathbb{R}^2, \mathbb{R}^+),\ \lim_{|x|\to\infty} V(x) = \infty \text{ 且 } \inf_{x\in\mathbb{R}^2} V(x) = 0, \tag{5.1.3}$$

文献 [4, 29, 83] 证明了问题 (5.1.1) 存在极小可达元当且仅当

$$\beta \in [0, \beta_*),\ \text{其中 } \beta_* = \|Q\|^2_{L^2},$$

其中 $Q(x)$ 是下面方程的唯一(在平移意义下)径向对称正解

$$-\Delta u+u=u^3,\ u\in H^1(\mathbb{R}^2). \tag{5.1.4}$$

众所周知, 我们可以假设问题 (5.1.1) 的任意极小可达元是非负的, 并且根据拉格朗日乘子原理知, 通过选取适当的拉格朗日乘子, 极小可达元满足 GP 方程. 此外, 通过假设位势函数有有限多个全局极小值点 $x_1,x_2,\cdots,x_n$, 即

$$V(x)=h(x)\prod_{i=1}^{n}|x-x_i|^{p_i},\quad C<h(x)<\frac{1}{C},\ C>0,\ x\in\mathbb{R}^2,$$

Guo 和 Seiringer (2014)研究了问题 (5.1.1) 极小可达元的集中行为. 当 $\beta\nearrow\beta_*$ 时, 他们进一步证明了问题 (5.1.1) 的极小可达元集中在位势函数 $V(x)$ 的最平坦零点 $x_{i_0}(1\le i_0\le n)$处.

受文献 [29] 的启发, Guo 等(2016)进一步考虑了问题 (5.1.1) 极小可达元在零点集为环形的位势下的集中行为, 即位势函数 $V(x)$ 满足

$$V_A(x)=(|x|-A)^2,\quad 其中\ A>0,\ x\in\mathbb{R}^2.$$

显而易见, 位势函数 $V_A(x)$ 有无穷多个全局极小值点, 且位势函数 $V_A(x)$ 的所有极小值点的集合即势阱的底部是一个圆环 $\{x\in\mathbb{R}^2:|x|=A\}$. 注意到, 圆环 $\{x\in\mathbb{R}^2:|x|=A\}$ 上的点在几何性质上是等价的, 不好区分. 从而文献 [31] 仅能证明问题 (5.1.1) 的极小可达元在圆环的某个点处爆破, 而无法确定具体的爆破点位置. 最近, 在较为一般假设条件 (5.1.3) 下, 文献 [34] 改进了文献 [29, 31] 的结果, 并且在较为一般的条件下证明了问题 (5.1.1) 极小可达元必定在位势函数 $V(x)=0$ 极小值点处爆破, 其主要结果结果如下.

命题 5.1.1. (文献[34], 定理1.2) 对于 $\beta\in(0,\beta_*)$, 令 $u_\beta\ge 0$ 为问题 (5.1.1) 相应的极小可达元, 若 $V(x)$ 满足条件 (5.1.3) 且对于某个 $\alpha\in(0,1)$,

$V\in C^{\alpha}_{loc}(\mathbb{R}^2)$, 则对于满足当 $k\to\infty$ 时, $\beta_k\nearrow\beta_*$ 的任意序列 $\{\beta_k\}$, 存在一个子列(不妨仍记为 $\{\beta_k\}$)使得每个 u_{β_k} 有唯一的全局做大值点 x_{β_k}, 且满足 $\lim\limits_{k\to\infty}x_{\beta_k}=x_0$ 以及 $V(x_0)=0$. 此外,

$$\lim_{k\to\infty}\epsilon_{\beta_k}u_{\beta_k}\big(\epsilon_{\beta_k}x+x_{\beta_k}\big)=\frac{Q(x)}{\sqrt{\beta_*}}\ \text{在}\ H^1(\mathbb{R}^2)\ \text{中成立}, \tag{5.1.5}$$

其中 $\epsilon_{\beta_k}>0$ 定义如下且满足

$$\text{当}\ k\to\infty\ \text{时},\ \epsilon_{\beta_k}:=\left(\int|\nabla u_{\beta_k}|^2\mathrm{d}x\right)^{-\frac{1}{2}}\to 0. \tag{5.1.6}$$

对于满足条件 (5.1.3) 的较为一般的位势函数, 命题 5.1.1 为研究问题 (5.1.1) 极小可达元的集中行为提供了一个简单易行的基本方法, 且该方法已被用来研究更一般的约束极小化问题, 例如文献 [24, 32, 33, 49, 79, 80, 82] 等. 上面内容提到, 在文献 [31] 中考虑的位势函数的极小值点集合是一个圆环, 该圆环上的点在几何性质上是等价的. 很自然的, 如果位势函数极小值点集合是一个椭圆(而不是圆环), 这种情形下, 问题 (5.1.1) 的极小可达元将会发生怎样的集中行为? 可不可以得到问题 (5.1.1) 极小可达元更准确的爆破点? 为此, 假设位势函数 $V(x)$ 满足

$$V(x)=\left(\sqrt{\frac{x_1^2}{a^2}+\frac{x_2^2}{b^2}}-A\right)^2,\ \text{其中}A,\ a,\ b>0,\ x=(x_1,x_2)\in\mathbb{R}^2. \tag{5.1.7}$$

显而易见, 若在 (5.1.7) 中令 $a=b=1$, 那么 $V(x)=V_A(x)$.

为方便叙述和证明, 定义

$$a>b>0\ \text{且}\ A=1.$$

在该情形下, $\{(x_1,x_2)\in\mathbb{R}^2:\ \frac{x_1^2}{a^2}+\frac{x_2^2}{b^2}=1\}$ 是位势函数 $V(x)$ 的所有极小值点的集合. 令

$$f(x)=\sqrt{\frac{x_1^2}{a^2}+\frac{x_2^2}{b^2}},\ \text{其中}\ x=(x_1,x_2)\in\mathbb{R}^2, \tag{5.1.8}$$

记

$$\mathcal{Z} := \{(a,0),(-a,0)\} \tag{5.1.9}$$

为位势函数 $V(x)$ 底部长轴端点集合, 那么有下面的定理.

定理 5.1.2. 设 $V(x)$ 满足 (5.1.7) 式, 对于 $\beta < \beta_*$, 令 u_β 为问题 (5.1.1) 相应的非负极小可达元, 则

(i)

$$\lim_{\beta \nearrow \beta_*} \frac{e(\beta)}{(\beta_* - \beta)^{\frac{1}{2}}} = \frac{2\lambda^2}{\|Q\|_{L^2}^2}, \tag{5.1.10}$$

其中

$$\lambda = \left(\frac{1}{2a^2} \int_{\mathbb{R}^2} |x|^2 Q^2(x) \mathrm{d}x \right)^{\frac{1}{4}}. \tag{5.1.11}$$

(ii) 对于任意满足当 $k \to +\infty$ 时, $\beta_k \nearrow \beta_*$ 的序列 $\{\beta_k\}$, 在子列的意义下有

$$\lim_{k\to\infty} (\beta_* - \beta_k)^{\frac{1}{4}} u_{\beta_k}((\beta_* - \beta_k)^{\frac{1}{4}} x + x_{\beta_k}) = \frac{\lambda Q(\lambda x)}{\|Q\|_{L^2}} \tag{5.1.12}$$

在 $H^1(\mathbb{R}^2)$ 中成立, 其中 x_{β_k} 为 u_{β_k} 的唯一全局最大值点. 此外,

$$\text{当 } k \to \infty \text{ 时}, x_{\beta_k} \to x_0, \text{ 其中 } x_0 \in \mathcal{Z}, \tag{5.1.13}$$

以及

$$\lim_{k\to\infty} \frac{f(x_{\beta_k}) - 1}{(\beta_* - \beta_k)^{\frac{1}{4}}} = 0, \text{其中 } f(\cdot) \text{ 由 (5.1.8) 定义}. \tag{5.1.14}$$

5.2 一些引理

这一部分将给出一些重要的引理, 这些引理在下一部分证明本章的定理中将会用到, 首先给出极小能量 e_β 的上界估计.

引理 5.2.1. 令 $Q(x)$ 为方程 (5.1.4) 的唯一径向对称正解, λ 由 (5.1.11) 定义, 那么对于 (5.1.1) 定义的 e_β 有

$$\limsup_{\beta\nearrow\beta_*}\frac{e_\beta}{(\beta_*-\beta)^{\frac{1}{2}}}\le\frac{2\lambda^2}{\|Q\|_{L^2}^2}. \tag{5.2.1}$$

证明. 选取 $y_0\in\mathcal{Z}$, 定义

$$u_\tau(x)=\frac{\tau}{\sqrt{\beta_*}}Q(\tau(x-y_0))(\tau>0),$$

那么

$$\int_{\mathbb{R}^2}u_\tau^2(x)\mathrm{d}x=1.$$

因此, 由 (2.1.3) 可得

$$\int_{\mathbb{R}^2}|\nabla u_\tau|^2\mathrm{d}x=\tau^2\quad 且\quad\int_{\mathbb{R}^2}u_\tau^4(x)\mathrm{d}x=\frac{\tau^2}{\beta_*^2}\int_{\mathbb{R}^2}Q^4(x)\mathrm{d}x=\frac{2\tau^2}{\beta_*}. \tag{5.2.2}$$

此外, 利用 (5.1.7) 式和 (5.1.8) 式可得

$$\begin{aligned}&\lim_{\tau\to\infty}\tau^2\int_{\mathbb{R}^2}V(x)u_\tau^2\mathrm{d}x \qquad (5.2.3)\\
=&\lim_{\tau\to\infty}\frac{\tau^2}{\beta_*}\int_{\mathbb{R}^2}V\left(\frac{x}{\tau}+y_0\right)Q^2(x)\mathrm{d}x\\
=&\lim_{\tau\to\infty}\frac{1}{\beta_*}\int_{\mathbb{R}^2}\left(\frac{f(\frac{x}{\tau}+y_0)-f(y_0)}{\frac{1}{\tau}}\right)^2Q^2(x)\mathrm{d}x\\
=&\frac{1}{\beta_*}\int_{\mathbb{R}^2}(\nabla f(y_0)\cdot x)^2Q^2(x)\mathrm{d}x\\
=&\frac{1}{2a^2\beta_*}\int_{\mathbb{R}^2}|x|^2Q^2(x)\mathrm{d}x. \qquad (5.2.4)\end{aligned}$$

由 e_β 的定义和 (5.2.2) 式, 易知

$$\begin{aligned}e_\beta&\le E_\beta(u_\tau)\\
&=\int_{\mathbb{R}^2}(|\nabla u_\tau|^2+V(x)u_\tau^2(x))\mathrm{d}x-\frac{\beta}{2}\int_{\mathbb{R}^2}u_\tau^4(x)\mathrm{d}x\\
&=\frac{\beta_*-\beta}{\beta_*}\tau^2+\int_{\mathbb{R}^2}V(x)u_\tau^2(x)\mathrm{d}x.\end{aligned}$$

对由 (5.1.11) 式定义的 λ, 在上面不等式中选取 $\tau = \frac{\lambda}{(\beta_* - \beta)^{\frac{1}{4}}}$, 注意到此时 $(\beta_* - \beta)^{\frac{1}{2}} = \lambda^2/\tau^2$, 那么由 (5.2.3) 式可得

$$\begin{aligned}\limsup_{\beta \nearrow \beta_*} \frac{e_\beta}{(\beta_* - \beta)^{\frac{1}{2}}} &\le \limsup_{\beta \nearrow \beta_*} \frac{E_\beta(u_\tau)}{(\beta_* - \beta)^{\frac{1}{2}}} \\ &= \frac{\lambda^2}{\beta_*} + \frac{1}{2a^2\lambda^2\beta_*}\int_{\mathbb{R}^2} |x|^2 Q^2(x)\mathrm{d}x \\ &= \frac{2\lambda^2}{\|Q\|_{L^2}^2}.\end{aligned}$$

因此, (5.2.1) 式成立. □

引理 5.2.2. 令 $V(x)$,$f(\cdot)$ 和 $\mathcal{Z}$ 分别由 (5.1.7) 式, (5.1.8) 式和 (5.1.9) 式给出. 若点 $z = (z_1, z_2) \in \mathbb{R}^2$ 满足 $V(z) = 0$, 那么

$$|\nabla f(z)|^2 \ge \frac{1}{a^2}. \tag{5.2.5}$$

并且, 当且仅当 $z \in \mathcal{Z}$ 时 (5.2.5) 式中的等式成立.

证明. 令 $z = (z_1, z_2) \in \mathbb{R}^2$ 满足 $V(z) = 0$, 那么由 (5.1.7) 式和 (5.1.8) 式可得

$$f(z) = \sqrt{\frac{z_1^2}{a^2} + \frac{z_2^2}{b^2}} = 1,\ \nabla f(z) = \left(\frac{z_1}{a^2}, \frac{z_2}{b^2}\right). \tag{5.2.6}$$

因为 $a > b > 0$, 那么由 (5.2.6) 知

$$|\nabla f(z)|^2 = \frac{z_1^2}{a^4} + \frac{z_2^2}{b^4} = \frac{1}{a^2} + \frac{z_2^2}{b^2}\left(\frac{1}{b^2} - \frac{1}{a^2}\right) \ge \frac{1}{a^2}. \tag{5.2.7}$$

因此, 由 (5.2.6) 可知 (5.2.7) 中的等式成立当且仅当 $z_2 = 0$, 那么 $z_1^2 = a^2$, 即 $z = (a, 0)$ 或者 $z = (-a, 0)$. □

引理 5.2.3. 令 $Q(x)$ 为 (5.1.4) 式的解, 那么对任意的点 $y = (y_1, y_2) \in \mathbb{R}^2$, 有

$$\int_{\mathbb{R}^2} (y \cdot x) Q^2(x)\mathrm{d}x = 0,$$

且

$$\int_{\mathbb{R}^2}|y\cdot x|^2Q^2(x)\mathrm{d}x=\frac{|y|^2}{2}\int_{\mathbb{R}^2}|x|^2Q^2(x)\mathrm{d}x.$$

证明. 因为 $Q(x)$ 是径向对称的, 且由 (2.1.4) 式知当 $|x|$ 充分大时是指数衰退的, 那么对任意的点 $y=(y_1,y_2)\in\mathbb{R}^2$, 利用极坐标变换可得

$$\begin{aligned}\int_{\mathbb{R}^2}(y\cdot x)Q^2(x)\mathrm{d}x&=\int_0^{+\infty}\int_0^{2\pi}(y_1r\cos\theta+y_2r\sin\theta)Q^2(r)r\mathrm{d}r\mathrm{d}\theta\\&=\int_0^{2\pi}(y_1\cos\theta+y_2\sin\theta)\mathrm{d}\theta\int_0^{+\infty}Q^2(r)r^2\mathrm{d}r=0,\end{aligned}$$

且

$$\begin{aligned}\int_{\mathbb{R}^2}|y\cdot x|^2Q^2(x)\mathrm{d}x&=\int_0^{+\infty}\int_0^{2\pi}(y_1r\cos\theta+y_2r\sin\theta)^2Q^2(r)r\mathrm{d}r\mathrm{d}\theta\\&=\int_0^{2\pi}(y_1^2\cos^2\theta+y_2^2\sin^2\theta+2y_1y_2\cos\theta\sin\theta)\mathrm{d}\theta\\&\quad\cdot\int_0^{+\infty}Q^2(r)r^3\mathrm{d}r\\&=\frac{y_1^2+y_2^2}{2}\int_0^{+\infty}\int_0^{2\pi}Q^2(r)r^3\mathrm{d}r\mathrm{d}\theta\\&=\frac{|y|^2}{2}\int_{\mathbb{R}^2}|x|^2Q^2(x)\mathrm{d}x.\end{aligned}$$

□

5.3 定理证明

定理 5.1.2 的证明: (i) 由引理 5.2.1 知 $\lim_{k\to\infty}\sup e_{\beta_k}/(\beta_*-\beta_k)^{\frac{1}{2}}$ 有上界估计, 那么为了证明定理 (i), 仅需证明该极限有相同的下界估计.

任取 $\beta<\beta_*$, 令 u_β 为问题 (5.1.1) 相应的非负极小可达元, 那么, 任意满足当 $k\to\infty$ 时, $\beta_k\nearrow\beta_*$的序列 $\{\beta_k\}\subset(0,\beta_*)$, 在子列的意义下, 由命题 5.1.1 知每个 u_{β_k} 有唯一的极大值点 x_{β_k} 满足

$$\text{当 } k\to\infty \text{ 时, } x_{\beta_k}\to x_0,\ \text{且} V(x_0)=0, \text{即 } f(x_0)=1, \tag{5.3.1}$$

其中 $f(\cdot)$ 定义见 (5.1.8) 式.

对于由 (5.1.6) 式所定义的 ϵ_{β_k}, 令

$$w_{\beta_k} := \epsilon_{\beta_k} u_{\beta_k}(\epsilon_{\beta_k} x + x_{\beta_k}),$$

以及

$$\mu_k := \frac{1}{\epsilon_{\beta_k}^2} \int_{\mathbb{R}^2} V(\epsilon_{\beta_k} x + x_{\beta_k}) w_{\beta_k}^2(x) \mathrm{d}x = \frac{1}{\epsilon_{\beta_k}^2} \int_{\mathbb{R}^2} V(x) u_{\beta_k}^2(x) \mathrm{d}x.$$

那么, 由 Gagliardo-Nirenberg 不等式 (2.1.2) 可得

$$e_{\beta_k} = E_{\beta_k}(u_{\beta_k}) \geq \frac{\beta_* - \beta_k}{\beta_* \epsilon_{\beta_k}^2} + \mu_k \epsilon_{\beta_k}^2 \geq 2(\beta_* - \beta_k)^{\frac{1}{2}} \left(\frac{\mu_k}{\beta_*}\right)^{\frac{1}{2}}. \tag{5.3.2}$$

我们断言

$$\left\{\frac{f(x_{\beta_k}) - f(x_0)}{\epsilon_{\beta_k}}\right\} 是有界的. \tag{5.3.3}$$

若 (5.3.3) 式不成立, 那么存在 $\{\beta_k\}$ 的子列(不妨仍记为 $\{\beta_k\}$), 满足

$$当\ k \to \infty\ 时,\ \left|\frac{f(x_{\beta_k}) - f(x_0)}{\epsilon_{\beta_k}}\right| \to +\infty.$$

因为当 $k \to \infty$ 时, $x_{\beta_k} \to x_0$, 那么, 对任意的 $M > 0$, 由 (5.1.5) 式和 Fatou's 引理可得

$$\begin{aligned}
\liminf_{k\to\infty} \mu_k &= \liminf_{k\to\infty} \int_{\mathbb{R}^2} \left(\frac{f(\epsilon_{\beta_k} x + x_{\beta_k}) - f(x_0)}{\epsilon_{\beta_k}}\right)^2 w_{\beta_k}^2(x) \mathrm{d}x \\
&= \liminf_{k\to\infty} \int_{\mathbb{R}^2} \left(\frac{f(\epsilon_{\beta_k} x + x_{\beta_k}) - f(x_{\beta_k})}{\epsilon_{\beta_k}} + \frac{f(x_{\beta_k}) - f(x_0)}{\epsilon_{\beta_k}}\right)^2 w_{\beta_k}^2(x) \mathrm{d}x \\
&\geq \frac{1}{\beta_*} \int_{\mathbb{R}^2} \left(\nabla f(x_0) \cdot x + \lim_{k\to\infty} \frac{f(x_{\beta_k}) - f(x_0)}{\epsilon_{\beta_k}}\right)^2 Q^2(x) \mathrm{d}x \geq M.
\end{aligned}$$

对任意的正常数 M, 上式联合 (5.3.2) 式推出

$$\liminf_{k\to\infty} \frac{e_{\beta_k}}{(\beta_* - \beta_k)^{\frac{1}{2}}} \geq 2\left(\frac{M}{\beta_*}\right)^{\frac{1}{2}}.$$

这显然和 (5.2.1) 式相矛盾, 因此 (5.3.3) 成立. 那么存在 $\{\beta_k\}$ 的子列(不妨仍记为 $\{\beta_k\}$), 以及 $z_0 \in \mathbb{R}^2$ 满足

$$\text{当 } k \to \infty \text{ 时, } \frac{f(x_{\beta_k}) - f(x_0)}{\epsilon_{\beta_k}} \to z_0. \tag{5.3.4}$$

因为 $Q(x)$ 是径向对称的, 那么由 (2.1.4) 式, (5.1.5) 式, 引理 5.2.2, 引理 5.2.3 和 Fatou's 引理可得

$$\begin{aligned}
\liminf_{k\to\infty} \mu_k &= \liminf_{k\to\infty} \int_{\mathbb{R}^2} \left(\frac{f(\epsilon_{\beta_k} x + x_{\beta_k}) - f(x_0)}{\epsilon_{\beta_k}} \right)^2 w_{\beta_k}^2(x) \mathrm{d}x \\
&= \liminf_{k\to\infty} \int_{\mathbb{R}^2} \left(\frac{f(\epsilon_{\beta_k} x + x_{\beta_k}) - f(x_{\beta_k})}{\epsilon_{\beta_k}} + \frac{f(x_{\beta_k}) - f(x_0)}{\epsilon_{\beta_k}} \right)^2 w_{\beta_k}^2(x) \mathrm{d}x \\
&\geq \frac{1}{\|Q\|_{L^2}^2} \int_{\mathbb{R}^2} (\nabla f(x_0) \cdot x + z_0)^2 Q^2(x) \mathrm{d}x \\
&= \frac{1}{\|Q\|_{L^2}^2} \left(\int_{\mathbb{R}^2} |\nabla f(x_0) \cdot x|^2 Q^2(x) \mathrm{d}x + |z_0|^2 \int_{\mathbb{R}^2} Q^2(x) \mathrm{d}x \right) \\
&\geq \frac{1}{\|Q\|_{L^2}^2} \int_{\mathbb{R}^2} |\nabla f(x_0) \cdot x|^2 Q^2(x) \mathrm{d}x \\
&= \frac{|\nabla f(x_0)|^2}{2\|Q\|_{L^2}^2} \int_{\mathbb{R}^2} |x|^2 Q^2(x) \mathrm{d}x \\
&\geq \frac{1}{2a^2\|Q\|_{L^2}^2} \int_{\mathbb{R}^2} |x|^2 Q^2(x) \mathrm{d}x,
\end{aligned} \tag{5.3.5}$$

那么, 对于 (5.1.11) 式中定义的 λ, 由 (5.3.2) 式和 (5.3.5) 式可得

$$\liminf_{k\to\infty} \frac{e_{\beta_k}}{(\beta_* - \beta_k)^{\frac{1}{2}}} \geq 2 \liminf_{k\to\infty} \left(\frac{\mu_k}{\beta_k} \right)^{\frac{1}{2}} \geq \frac{2\lambda^2}{\|Q\|_{L^2}^2}. \tag{5.3.6}$$

因为 $\{\beta_k\}$ 是任意选取的序列, 从而由 (5.2.1) 式和 (5.3.6) 式可以推出定理 5.1.2 中的 (5.1.10) 式, 这样就完成了定理 5.1.2 第 (i) 部分的证明.

(ii) 任取 $\beta < \beta_*$, 令 u_β 为问题 (5.1.1) 的相应的非负极小可达元, 我们可以断言

$$\lim_{\beta \nearrow \beta_*} \frac{(\beta_* - \beta)^{\frac{1}{4}}}{\epsilon_\beta} = \lambda, \tag{5.3.7}$$

其中 λ 由 (5.1.11) 式定义. 若 (5.3.7) 式不成立, 那么存在一个满足当 $k \to \infty$ 时, $\beta_k \nearrow \beta_*$ 的序列 $\{\beta_k\} \subset (0, \beta_*)$, 使得

$$\lim_{k\to\infty} \frac{(\beta_* - \beta_k)^{\frac{1}{4}}}{\epsilon_{\beta_k}} = r \in \mathbb{R}^+ \backslash \{\lambda\}. \tag{5.3.8}$$

那么, 由 (5.3.2) 式可得

$$e_{\beta_k} = E_{\beta_k}(u_{\beta_k}) \geq \frac{(\beta_* - \beta_k)^{\frac{1}{2}}}{\beta_*} \left(\frac{(\beta_* - \beta_k)^{\frac{1}{4}}}{\epsilon_{\beta_k}} \right)^2 + \frac{\mu_k (\beta_* - \beta_k)^{\frac{1}{2}}}{\left(\frac{(\beta_* - \beta_k)^{\frac{1}{4}}}{\epsilon_{\beta_k}} \right)^2}. \tag{5.3.9}$$

若在 (5.3.8) 式中 $r = 0$ 或者 $r = +\infty$, 则由 (5.3.5) 式和 (5.3.9) 式可得

$$\lim_{k\to\infty} \inf \frac{e_{\beta_k}}{(\beta_* - \beta_k)^{\frac{1}{2}}} = +\infty,$$

这显然和 (5.1.10) 式相矛盾.

若 $r \in (0, +\infty) \backslash \{\lambda\}$, 则利用 (5.3.5) 式和 (5.3.9) 式可得

$$\lim_{k\to\infty} \inf \frac{e_{\beta_k}}{(\beta_* - \beta_k)^{\frac{1}{2}}} \geq \frac{r^2}{\beta_*} + \frac{\lambda^4}{r^2 \beta_*} > \frac{2\lambda^2}{\|Q\|_{L^2}^2}$$

这仍和 (5.1.10) 式相矛盾. 因此 (5.3.7) 式成立, 进而根据 (5.1.5) 和 (5.3.7) 式可以推出定理 5.1.2 (ii) 中的 (5.1.12).

此外, 利用 (5.1.10) 式, 可知 (5.3.6) 式中的不等式必须是等式, 那么由 (5.3.5) 式和 (5.3.6) 式推出

$$\lim_{k\to\infty} \inf \mu_k = \frac{1}{2a^2 \|Q\|_{L^2}^2} \int_{\mathbb{R}^2} |x|^2 Q^2(x) \mathrm{d}x. \tag{5.3.10}$$

由 (5.3.5) 式知第二个不等式取等式当且仅当 $z_0 = 0$, 利用引理 5.2.2 知, (5.3.5) 式中最后一个不等式取等式当且仅当 $x_0 \in \mathcal{Z}$. 因此, 由 (5.3.10) 式知 $z_0 = 0$ 以及 $x_0 \in \mathcal{Z}$. 进而利用 (5.3.1) 式和 (5.3.4) 式可以推出定理 5.1.2 (ii) 中的 (5.1.13) 式和 (5.1.14) 式, 这样就完成了定理 5.1.2 的证明. □

第6章　质量临界 Kirchhoff 型方程正规化解的性质

6.1　引言

本章中, 考虑下面的质量临界 Kirchhoff 型方程的正规化解(即 L^2 范数等于1)

$$-b\int_{\mathbb{R}^N}|\nabla u|^2\mathrm{d}x\Delta u+V(x)u=\beta|u|^{\frac{8}{N}}u+\lambda u,\ x\in\mathbb{R}^N, \tag{6.1.1}$$

其中 $b>0, N=1,2,3$. 根据 Lagrange 乘子原理可知求解方程 (6.1.1) 等价于研究下面的极小化问题

$$e_\beta=\inf_{u\in S}E_\beta(u), \tag{6.1.2}$$

其中

$$E_\beta(u)=\frac{b}{4}\left(\int_{\mathbb{R}^N}|\nabla u|^2\mathrm{d}x\right)^2+\frac{1}{2}\int_{\mathbb{R}^N}V(x)|u|^2\mathrm{d}x-\frac{N\beta}{8+2N}\int_{\mathbb{R}^N}|u|^{\frac{8}{N}+2}\mathrm{d}x,$$

$$S=\left\{u\in\mathcal{H}:\int_{\mathbb{R}^N}|u|^2\mathrm{d}x=1\right\},$$

$$\mathcal{H}=\left\{u\in H^1(\mathbb{R}^N):\int_{\mathbb{R}^N}V(x)u^2\mathrm{d}x<\infty\right\}.$$

方程 (6.1.1) 来源于下面的 Kirchhoff 型椭圆方程

$$-\left(a+b\int_{\mathbb{R}^N}|\nabla u|^2\mathrm{d}x\right)\Delta u+V(x)u=\beta|u|^pu+\lambda u,\ x\in\mathbb{R}^N, \tag{6.1.3}$$

并且当 $a=0, p=\frac{8}{N}$ 时, 方程 (6.1.3) 则为方程 (6.1.1). 方程 (6.1.3) 本质上是下面方程的稳态情况

$$u_{tt}-M(s)\left(\int_{\mathbb{R}^N}|\nabla u|^2\mathrm{d}x\right)\Delta u=0, \tag{6.1.4}$$

其中 $M(s)$ 是一个关于 s 的连续函数, 并且当 $s\geq 0$ 时, $M(s)\geq 0$. 方程 (6.1.4) 由 Kirchhoff 在 1883 年提出, 推广了 D'Alembert 方程, 描述了弹性绳的自由振动, 更多关于方程 (6.1.4) 的相关背景见文献 [9, 16]. 方程 (6.1.3) 在描述一些与均值相关的系统中得到广泛运用, 因为该方程加入了非局部项 $\int_{\mathbb{R}^N}|\nabla u|^2\mathrm{d}x$, 对其相关性质的研究带来了一些困难.

近些年来, 对方程 (6.1.3) 的正规化解的研究引起了众多学者的兴趣. 当 $a=1, b=0, V(x)\not\equiv 0$ 时, 作者在文献 [29] 中研究了方程 (6.1.3), 获得了该方程正规化解的存在性与非存在性结果, 进一步, 当参数 β 趋于某个临界门槛值时, 他们还给出了正规化解的集中行为结果. 此外, 当参数 β 充分靠近某个临界门槛值时, 作者在文献 [28] 中还证明了方程 (6.1.3) 正规化解的局部唯一性结果. 当 $a>0, b>0$, 位势函数 $V(x)\equiv 0$ 时, 在文献 [82] 中作者证明了方程 (6.1.3) 正规化解的唯一性结果, 并给出了正规化解的具体表达形式. 当 $a>0, b>0, V(x)\not\equiv 0$ 时, 在文献 [25] 中作者给出了方程 (6.1.3) 正规化解的存在性与非存在性结果, 并证明了指标 p 靠近质量临界指标 $\frac{8}{N}$ 时正规化解的集中行为结果. 当 $a=1, b>0, V(x)\not\equiv 0$ 时, 作者在文献 [26] 中进一步证明了参数 b 充分靠近 0 时方程 (6.1.3) 正规化解的局部唯一性结果. 此外, 当 $a>0, b>0, V(x)\not\equiv 0$ 时, 作者在文献 [39] 中得到了参数 a 充分靠近 0 时方程 (6.1.3) 正规化解的局部唯一性结果. 更多关于方程 (6.1.3) 的其他结果见文献 [4, 27, 34, 63, 77, 78].

受到上述文献的启发, 本章主要研究问题 (6.1.2) 极小元的相关性质. 一

方面, 本章将证明问题 (6.1.2) 极小元的存在性与非存在性结果. 另一方面, 在弄清极小元存在性的基础上, 进一步给出参数 β 接近某个临界门槛值时极小元的集中行为结果. 首先假设位势函数 $V(x)$ 满足以下条件:

(V_1) 存在 $q_j > 0\ (j = 1, 2, \cdots, n)$ 以及函数 $h(x) \in C^1(\mathbb{R}^N)$ 成立

$$V(x) = h(x) \prod_{j=1}^{n} |x - x_j|^{q_j},$$

其中对任意的 $x \in \mathbb{R}^N, 0 < \frac{1}{C} \leq h(x) \leq C$ 总成立.

令

$$q = \max_{1 \leq j \leq n} q_j, \quad Z = \{x \in \mathbb{R}^N : V(x) = 0\} = \{x_1, x_2, \cdots, x_n\},$$

$$\kappa_j = \lim_{x \to 0} \frac{V(x + x_j)}{|x|^{q_j}}, \quad \mu_j = \kappa_j \int_{\mathbb{R}^N} |x|^{q_j} Q^2(x) \mathrm{d}x,$$

其中 $Q = Q(|x|)$ 是下面半线性方程的唯一正解(在平移的意义下)

$$-2\Delta u + \frac{4 - N}{N} u = u^{\frac{8}{N}+1}, \ x \in \mathbb{R}^N. \tag{6.1.5}$$

定义

$$\overline{Z} = \{x_j \in Z : q_j = q\} \subset Z, \quad \Lambda = \{j : x_j \in \overline{Z}\}.$$

记

$$\mu_0 = \min_{j \in \Lambda} \mu_j, \quad Z_0 = \{x_j \in \overline{Z} : \mu_j = \mu_0\}. \tag{6.1.6}$$

下面给出问题 (6.1.2) 极小元的存在性结果.

定理 6.1.1. 假设 $V(x) \in L^{\infty}_{loc}(\mathbb{R}^N)$ 满足当 $|x| \to +\infty$ 时 $V(x) \to +\infty$, 并且 $\widetilde{Z} = \{x \in \mathbb{R}^N : V(x) = 0\} \neq \varnothing$, 那么若 $0 < \beta < \beta^* = \frac{b}{2}||Q||_2^{\frac{8}{N}}$, 则 e_β 至少存在一个极小元, 若 $\beta \geq \beta^*$, 则 e_β 不存在极小元, 此时最小能量 e_β 满足当 $\beta = \beta^*$ 时, $e_{\beta^*} = 0$, 当 $\beta > \beta^*$ 时, $e_\beta = -\infty$.

在定理 6.1.1 极小元存在性结果的基础上, 进一步得到如下极小元的集中行为:

定理 6.1.2. 假设条件 (V_1) 成立, 对于任意的 $\beta \in (0, \beta^*)$, 设 u_β 是 e_β 的一个极小元, $z_\beta \in \mathbb{R}^N$ 为 $u_\beta(x)$ 的全局最大值点, 则存在 $\lambda_\beta < 0$, $z_0 \in Z_0$ 使得 (u_β, λ_β) 为方程 (6.1.1) 的解, 并且当 $\beta \to \beta^*$ 时,

$$U_\beta = \epsilon_\beta^{\frac{N}{2}} u_\beta(\epsilon_\beta x + z_\beta) \to \frac{Q(x)}{||Q||_2} \text{ 在 } H^1(\mathbb{R}^N) \text{ 中强收敛}, \tag{6.1.7}$$

这里当 $\beta \to \beta^*$ 时,

$$\epsilon_\beta^{-1} = \left(\int_{\mathbb{R}^N} |\nabla u_\beta|^2 \mathrm{d}x\right)^{\frac{1}{2}} = \left[\frac{\mu_0 q ||Q||_2^{\frac{8}{N}-2}}{4(\beta^* - \beta)}\right]^{\frac{1}{q+4}} (1 + o(1)) \to +\infty, \tag{6.1.8}$$

$$\lambda_\beta \epsilon_\beta^4 \to \frac{b(N-4)}{2N},$$

$$e_\beta = \frac{(q+4)(\beta^* - \beta)^{\frac{q}{q+4}}}{2q||Q||_2^{\frac{8}{N}}} \left(\frac{\mu_0 q ||Q||_2^{\frac{8}{N}-2}}{4}\right)^{\frac{4}{q+4}} (1 + o(1)) \to 0.$$

此外, 当 $\beta \to \beta^*$ 时,

$$\frac{z_\beta - z_0}{\epsilon_\beta} \to 0.$$

定理 6.1.2 说明了当 $\beta \to \beta^*$ 时, e_β 的极小元必将收敛到位势函数 $V(x)$ 的其中一个最平坦的最小值点上, 并且给出了最小能量 e_β 的精确估计. 因为对几乎处处的 $x \in \mathbb{R}^N$, $|\nabla u| = |\nabla |u||$, 不失一般性, 本章假定本书中 e_β 的极小元都是非负的.

在文献 [39] 的定理 1.1 中, 作者给出了参数 $\beta = 1$ 以及球 $S = \{u \in \mathcal{H} : \int_{\mathbb{R}^N} |u|^2 \mathrm{d}x = c^2,\ c > 0\}$ 时问题 (6.1.2) 极小元的存在性与非存在性结果. 本章的定理 6.1.1 给出了参数 $\beta > 0$ 以及单位球 $S = \left\{u \in \mathcal{H} : \int_{\mathbb{R}^N} |u|^2 \mathrm{d}x = 1\right\}$ 时问题 (6.1.2) 极小元的存在性与非存在性结果. 进一步, 借助文献 [26] 的方

法, 还给出了参数 $\beta \to \beta^*$ 时问题 (6.1.2) 极小元的集中性质, 这丰富了文献 [39] 的相关结果.

6.2 极小元的存在性与非存在性

首先介绍下面的 Gagliardo-Nirenberg 不等式(Weinstein,1983):

$$\begin{aligned}&\frac{N}{8+2N}\int_{\mathbb{R}^N}|u|^{\frac{8}{N}+2}\mathrm{d}x\\&\leq\frac{1}{2\|Q\|_2^{\frac{8}{N}}}\left(\int_{\mathbb{R}^N}|\nabla u|^2\mathrm{d}x\right)^2\left(\int_{\mathbb{R}^N}|u|^2\mathrm{d}x\right)^{\frac{4}{N}-1},\end{aligned}\tag{6.2.1}$$

其中 $Q(x)$ 是方程 (6.1.5) 的解, 并且由文献 [20, 44] 可知, 当 $|x|\to\infty$ 时,

$$Q(|x|),|\nabla Q(|x|)|=O(|x|^{-\frac{N-2}{2}}\mathrm{e}^{-|x|}).\tag{6.2.2}$$

此外, 根据方程 (6.1.5) 并结合 Pohozaev 等式有

$$\int_{\mathbb{R}^N}|\nabla Q|^2\mathrm{d}x=\int_{\mathbb{R}^N}|Q|^2\mathrm{d}x=\frac{N}{4+N}\int_{\mathbb{R}^N}|Q|^{\frac{8}{N}+2}\mathrm{d}x.$$

在给出定理 6.1.1 的证明之前, 首先给出下面的紧性引理(Bartsch,1995).

引理 6.2.1. 设$V(x)\in L^\infty_{loc}(\mathbb{R}^N)$ 满足$\min_{x\in\mathbb{R}^N}V(x)=0$, $\lim\limits_{|x|\to+\infty}V(x)=+\infty$. 则嵌入$\mathcal{H}\hookrightarrow L^p(\mathbb{R}^N)$ 是紧嵌入, 其中当 $N\geq 3$ 时, $p\in[2,\frac{2N}{N-2})$, 当 $N=1,2$ 时, $p\in[2,+\infty)$.

下面给出定理 6.1.1 的证明, 相关证明参考了文献 [39] 的证明方法.

定理 6.1.1 的证明: (1) (极小元的存在性) 若 $0<\beta<\beta^*$, 设 $\{u_n\}$ 为 e_β 的极小化序列且满足 $\|u_n\|_2=1$, 由于当 $n\to\infty$ 时, $E_\beta(u_n)\to e_\beta$, 利用

(6.2.1) 式有

$$\begin{aligned}
& e_\beta+1+\frac{\beta}{2\|Q\|_2^{\frac{8}{N}}}\left(\int_{\mathbb{R}^N}|\nabla u_n|^2\mathrm{d}x\right)^2 \\
\geq & E_\beta(u_n)+\frac{N\beta}{8+2N}\int_{\mathbb{R}^N}|u_n|^{\frac{8}{N}+2}\mathrm{d}x \\
= & \frac{b}{4}\left(\int_{\mathbb{R}^N}|\nabla u_n|^2\mathrm{d}x\right)^2+\frac{1}{2}\int_{\mathbb{R}^N}V(x)|u_n|^2\mathrm{d}x.
\end{aligned} \tag{6.2.3}$$

因为 $0<\beta<\beta^*$, 所以序列 $\{u_n\}$ 在 $\mathcal{H}$ 中是有界序列, 从而存在 $u_0\in\mathcal{H}$ 使得当 $n\to+\infty$ 时, 有 $u_n\rightharpoonup u_0$ 在 $\mathcal{H}$ 中弱收敛, 进一步由引理 6.2.1 可知 $u_n\to u_0$ 在空间 $L^p(\mathbb{R}^N)$ 中成立(其中 $p\in[2,2^*)$). 下面考虑

$$\begin{aligned}
\int_{\mathbb{R}^N}|\nabla u_0|^2\mathrm{d}x-\int_{\mathbb{R}^N}|\nabla u_n|^2\mathrm{d}x= & -\int_{\mathbb{R}^N}|\nabla u_n-\nabla u_0|^2\mathrm{d}x \\
& +2\int_{\mathbb{R}^N}\nabla u_0\cdot(\nabla u_0-\nabla u_n)\mathrm{d}x \\
\leq & 2\int_{\mathbb{R}^N}\nabla u_0\cdot\nabla(u_0-u_n)\mathrm{d}x,
\end{aligned} \tag{6.2.4}$$

由于泛函 $A(u)=\int_{\mathbb{R}^N}\nabla u_0\cdot\nabla u\mathrm{d}x$ 是线性的且在 $\mathcal{H}$ 中是弱连续的, 在 (6.2.4) 式中令 $n\to+\infty$, 可以得到

$$\int_{\mathbb{R}^N}|\nabla u_0|^2\mathrm{d}x-\lim_{n\to\infty}\int_{\mathbb{R}^N}|\nabla u_n|^2\mathrm{d}x\leq 2\lim_{n\to\infty}A(u_0-u_n)=0.$$

从而利用 $\mathcal{H}$ 中范数的弱下半连续性有

$$\begin{aligned}
E_\beta(u_0)= & \frac{b}{4}\left(\int_{\mathbb{R}^N}|\nabla u_0|^2\mathrm{d}x\right)^2+\frac{1}{2}\int_{\mathbb{R}^N}V(x)|u_0|^2\mathrm{d}x \\
& -\frac{N\beta}{8+2N}\int_{\mathbb{R}^N}|u_0|^{\frac{8}{N}+2}\mathrm{d}x \\
\leq & \left(\frac{b}{4}\lim_{n\to\infty}\int_{\mathbb{R}^N}|\nabla u_n|^2\mathrm{d}x-\frac{1}{2}\right)\lim_{n\to\infty}\int_{\mathbb{R}^N}|\nabla u_n|^2\mathrm{d}x \\
& +\frac{1}{2}\lim_{n\to\infty}\|u_n\|_{\mathcal{H}}^2-\lim_{n\to\infty}\frac{N\beta}{8+2N}\int_{\mathbb{R}^N}|u_n|^{\frac{8}{N}+2}\mathrm{d}x \\
= & \lim_{n\to\infty}E_\beta(u_n)=e_\beta,
\end{aligned} \tag{6.2.5}$$

由引理 6.2.1 可知 $||u_0||_2 = \lim\limits_{n\to\infty} ||u_n||_2 = 1$, 利用 e_β 的定义有 $e_\beta \leq E_\beta(u_0)$, 结合 (6.2.5) 式可知 $e_\beta = E_\beta(u_0)$, 从而 u_0 是 e_β 的一个极小元.

(2) ($\beta > \beta^*$ 时极小元的非存在性) 设 $\phi \in C_0^\infty(\mathbb{R}^N)$ 是一个径向截断函数, 并且对任意的 $x \in \mathbb{R}^N$, $0 \leq \phi \leq 1$, $|\nabla\phi(x)| \leq 2$, 此外, 当 $|x| \leq 1$ 时, $\phi(x) = 1$, 当 $|x| > 2$ 时, $\phi(x) = 0$. 对于任意的 $\delta > 0, \tau > 0, \bar{x} \in \widetilde{Z}$, 定义

$$Q_{\delta,\tau}(x) = \frac{A_{\delta,\tau}}{||Q||_2}\phi(|x-\bar{x}|/\delta)\tau^{\frac{N}{2}}Q(\tau|x-\bar{x}|), \tag{6.2.6}$$

其中 $A_{\delta,\tau}$ 的选取满足 $\int\limits_{\mathbb{R}^N} |Q_{\delta,\tau}|^2 \mathrm{d}x = 1$. 利用 (6.2.2) 式可知当 $\delta\tau > 0$ 足够大时, 有

$$\frac{1}{A_{\delta,\tau}^2} = 1 + \frac{1}{||Q||_2^2}\int_{\mathbb{R}^N\setminus B_{\delta\tau}(0)} (\phi^2(x/\delta\tau) - 1)|Q|^2 \mathrm{d}x = 1 + o(\mathrm{e}^{-\delta\tau}), \tag{6.2.7}$$

从而当 $\delta\tau \to +\infty$ 时, $A_{\delta,\tau} \to 1$. 令 $\delta = \tau^{-\frac{1}{2}}$, 因此当 $\tau \to +\infty$ 时, 有

$$\begin{aligned}\int_{\mathbb{R}^N} V(x)|Q_{\delta,\tau}|^2 \mathrm{d}x &= \frac{A_{\delta,\tau}^2}{||Q||_2^2}\int_{B_{2\delta\tau}(0)} V\left(\frac{x}{\tau} + \bar{x}\right)\phi^2(x/\delta\tau)|Q|^2 \mathrm{d}x \\ &\to V(\bar{x}) = 0.\end{aligned} \tag{6.2.8}$$

利用 (6.2.6) 与 (6.2.7) 式, 当 $\delta\tau \to +\infty$ 时, 有

$$\begin{aligned}\int_{\mathbb{R}^N} |\nabla Q_{\delta,\tau}|^2 \mathrm{d}x =& \frac{A_{\delta,\tau}^2\tau^2}{||Q||_2^2}\left(\int_{\mathbb{R}^N} |\nabla Q|^2 \mathrm{d}x - \int_{\mathbb{R}^N\setminus B_{\delta\tau(0)}} |\nabla Q|^2 \mathrm{d}x\right) \\ &+ \int_{\mathbb{R}^N\setminus B_{\delta\tau(0)}} |(\delta\tau)^{-1}\nabla\phi(x/\delta\tau)Q(x) + \phi(x/\delta\tau)\nabla Q(x)|^2 \mathrm{d}x \\ =& \tau^2 + o(\mathrm{e}^{-\delta\tau}),\end{aligned} \tag{6.2.9}$$

$$\frac{N}{8+2N}\int_{\mathbb{R}^N} |Q_{\delta\tau}|^{\frac{8}{N}+2} \mathrm{d}x = \frac{1}{2||Q||_2^{\frac{8}{N}}}\tau^4 + o(\mathrm{e}^{-\delta\tau}). \tag{6.2.10}$$

利用 (6.2.8), (6.2.9) 和 (6.2.10) 式可以推出

$$e_\beta \leq E_\beta(Q_{\delta,\tau}) = \frac{b}{4}\tau^4 - \frac{\beta}{2||Q||_2^{\frac{8}{N}}}\tau^4 + o(\mathrm{e}^{-\delta\tau}). \tag{6.2.11}$$

因为 $\beta > \beta^*$, 在 (6.2.11) 式中令 $\delta\tau \to +\infty$ 可得 $e_\beta = -\infty$, 此时 e_β 不存在极小元.

(3) ($\beta = \beta^*$ 时极小元的非存在性) 下面采用反证法证明, 假设 e_{β^*} 存在极小可达元 u_0, 故 u_0 满足下面方程

$$-\left(b\int_{\mathbb{R}^N}|\nabla u_0|^2\mathrm{d}x\right)\Delta u_0 + V(x)u_0 = \lambda u_0 + \beta u_0^{\frac{8}{N}+1},\ x\in\mathbb{R}^N. \tag{6.2.12}$$

在 (6.2.11) 式中令 $\beta = \beta^*$, 利用 (6.2.1) 式, 当 $\delta\tau \to +\infty$ 时有

$$\begin{aligned}\frac{1}{2}\int_{\mathbb{R}^N}V(x)|u_0|^2\mathrm{d}x &\le E_{\beta^*}(u_0) = e_{\beta^*} \le E_{\beta^*}(Q_{\delta,\tau})\\ &= \frac{b}{4}\tau^2 - \frac{\beta^*}{2\|Q\|_2^{\frac{8}{N}}}\tau^4 + o(\mathrm{e}^{-\delta\tau}) \to 0,\end{aligned}$$

故 $e_{\beta^*} = 0$, 且 $u_0(x)$ 在 $\mathbb{R}^N\backslash\widetilde{Z}$ 中恒等于0. 在方程 (6.2.12) 中等式两边同时乘以 u_0 并在 $\mathbb{R}^N$ 中积分可得

$$\lambda = -\frac{4}{N}\int_{\mathbb{R}^N}V(x)u_0^2\mathrm{d}x - \frac{b(4-N)}{2N}\left(\int_{\mathbb{R}^N}|\nabla u_0|^2\mathrm{d}x\right)^2 < 0.$$

因此 $\lambda < 0$, 并且 u 在 $\widetilde{Z}\subset\mathbb{R}^N$ 中满足下面方程

$$\begin{cases}-b\left(\int_{\mathbb{R}^N}|\nabla u_0|^2\mathrm{d}x\right)\Delta u_0 - \lambda u_0 = \beta u_0^{\frac{8}{N}+1}, & x\in\widetilde{Z},\\ u_0 = 0, & x\in\partial\widetilde{Z},\end{cases} \tag{6.2.13}$$

利用文献 [21] 中的标准椭圆正则性理论和强极大值原理可以得到 u_0 在 $\mathbb{R}^N$ 中恒为 0, 这与假设 e_{β^*} 存在极小元矛盾, 故 e_{β^*} 不存在极小元. □

6.3 极小元的集中性质

本节将证明定理 6.1.2, 首先对 $\beta \to \beta^*$ 时最小能量 e_β 进行估计.

引理 6.3.1. 当 $\beta \to \beta^*$ 时, 问题 (6.1.2) 的最小能量 e_β 满足 $e_\beta \to 0$.

证明. 对任意的 $\beta \in (0, \beta^*)$ 以及 $u \in S$, 利用 (6.2.1) 式有

$$E_\beta(u) \geq \frac{1}{2}\int_{\mathbb{R}^N} V(x)u^2 \mathrm{d}x \geq 0,$$

故 $e_\beta \geq 0$. 选取试探函数 $Q_{\delta,\tau}(x)$, 其中 $Q_{\delta,\tau}(x)$ 由 (6.2.6) 式定义, 则当 $\delta\tau \to \infty$ 时, 利用 (6.2.8), (6.2.9) 以及 (6.2.10) 式有

$$E_\beta(Q_{\delta,\tau}) = \frac{b}{4}\tau^4 - \frac{\beta}{2||Q||_2^{\frac{8}{N}}}\tau^4 + o(e^{-\delta\tau}). \tag{6.3.1}$$

由于$\beta^* = \frac{b}{2}||Q||_2^{\frac{8}{N}}$, 在 (6.3.1) 式中首先令 $\beta \to \beta^*$, 再让 $\delta\tau \to +\infty$, 则有

$$0 \leq e_\beta \leq E_\beta(Q_{\delta,\tau}) \to 0,$$

故引理结论成立. □

引理 6.3.2. 当 $\beta \to \beta^*$ 时, (6.1.8) 式中定义的 ϵ_β 满足 $\epsilon_\beta \to 0$.

证明. 下面采用反证法证明该引理, 假设存在一个常数 $C > 0$ 使得当 $\beta \to \beta^*$ 时 $\epsilon_\beta \geq \frac{1}{C^{1/2}} > 0$, 则根据 ϵ_β 的定义有

$$\int_{\mathbb{R}^N} |\nabla u_\beta|^2 \mathrm{d}x \leq C.$$

由于 $\beta < \beta^*$, 利用 (6.2.1) 式有

$$\begin{aligned}\frac{N\beta}{8+2N}\int_{\mathbb{R}^N} |u_\beta|^{\frac{8}{N}+2}\mathrm{d}x &\leq \frac{N\beta^*}{8+2N}\int_{\mathbb{R}^N} |u_\beta|^{\frac{8}{N}+2}\mathrm{d}x \\ &\leq \frac{b}{4}\left(\int_{\mathbb{R}^N} |\nabla u_\beta|^2 \mathrm{d}x\right)^2,\end{aligned} \tag{6.3.2}$$

根据引理 6.3.1 和 (6.3.2) 式, 当 β 充分靠近 β^* 时有

$$\int_{\mathbb{R}^N} V(x)u_\beta^2 \mathrm{d}x \leq e_\beta \leq 1,$$

因此存在常数 $C' > 0$ 使得 $||u_\beta||_{\mathcal{H}} \leq C'$. 利用引理 6.2.1 可知当 $\beta \to \beta^*$ 时, 存在 $u_0 \in \mathcal{H}$ 使得在子列的意义下 $u_\beta \rightharpoonup u_0$ 在 $\mathcal{H}$ 中弱收敛, 从而 $u_\beta \to u_0$ 在

$L^p(\mathbb{R}^N)$ 强收敛, 其中当 $N \geq 3$ 时 $p \in [2, \frac{2N}{N-2})$, 当 $N = 1, 2$ 时 $p \in [2, +\infty)$, 进一步有 $\int_{\mathbb{R}^N} |u_0|^2 \mathrm{d}x = 1$. 最后利用 $\mathcal{H}$ 范数的弱下半连续性有

$$0 = \lim_{\beta \to \beta^*} e_\beta = \lim_{\beta \to \beta^*} E_\beta(u_\beta) \geq E_{\beta^*}(u_0) \geq e_{\beta^*} = 0, \tag{6.3.3}$$

这说明 $u_0 \neq 0$ 是 e_{β^*} 的极小元, 这与 e_{β^*} 不存在极小元矛盾, 因此假设不成立, 故引理结论成立. □

下面对 Lagrange 乘子 λ_β 进行估计.

引理 6.3.3. 当 $\beta \to \beta^*$ 时, Lagrange 乘子 λ_β 满足 $\lambda_\beta \epsilon_\beta^4 \to \frac{b(N-4)}{2N}$, 其中 ϵ_β 由 (6.1.8) 式定义.

证明. 首先对任意的 $\beta \in (0, \beta^*)$, 令 u_β 为 e_β 的极小元, 则根据 (6.2.1) 式有

$$0 \leq \frac{b}{4} \left(\int_{\mathbb{R}^N} |\nabla u_\beta|^2 \mathrm{d}x \right)^2 - \frac{N\beta}{8+2N} \int_{\mathbb{R}^N} |u_\beta|^{\frac{8}{N}+2} \mathrm{d}x \leq e_\beta. \tag{6.3.4}$$

利用引理 6.3.1, 在 (6.3.4) 式中令 $\beta \to \beta^*$ 有

$$\frac{b}{4} \left(\int_{\mathbb{R}^N} |\nabla u_\beta|^2 \mathrm{d}x \right)^2 - \frac{N\beta}{8+2N} \int_{\mathbb{R}^N} |u_\beta|^{\frac{8}{N}+2} \mathrm{d}x \to 0, \tag{6.3.5}$$

因此当 $\beta \to \beta^*$ 时有

$$\frac{N\beta \epsilon_\beta^4}{8+2N} \int_{\mathbb{R}^N} |u_\beta|^{\frac{8}{N}+2} \mathrm{d}x \to \frac{b}{4}. \tag{6.3.6}$$

利用引理 6.3.1 以及 (6.2.1) 式, 当 $\beta \to \beta^*$ 时有

$$0 \leq \int_{\mathbb{R}^N} V(x) u_\beta^2 \mathrm{d}x \leq e_\beta \to 0. \tag{6.3.7}$$

因为 u_β 满足方程 (6.2.12), 所以在方程 (6.2.12) 等号两边同时乘以 u_β 并在 $\mathbb{R}^N$ 中积分有

$$\lambda_\beta = b \left(\int_{\mathbb{R}^N} |\nabla u_\beta|^2 \mathrm{d}x \right)^2 + \int_{\mathbb{R}^N} V(x) u_\beta^2 \mathrm{d}x - \beta \int_{\mathbb{R}^N} |u_\beta|^{\frac{8}{N}+2} \mathrm{d}x, \tag{6.3.8}$$

从而利用 (6.3.6), (6.3.7) 以及 (6.3.8) 式可知, 当 $\beta \to \beta^*$ 时有

$$\lambda_\beta \epsilon_\beta^4 = b + \epsilon_\beta^4 \int_{\mathbb{R}^N} V(x) u_\beta^2 \mathrm{d}x - \beta \epsilon_\beta^4 \int_{\mathbb{R}^N} |u_\beta|^{\frac{8}{N}+2} \mathrm{d}x$$
$$\to b - \frac{b(4+N)}{2N} = \frac{b(N-4)}{2N}.$$

□

引理 6.3.4. 对任意 $\beta \in (0, \beta^*)$, 令 u_β 为 e_β 的极小元以及 z_β 是 u_β 的全局最大值点, 则存在 $\eta > 0$, 当 $\beta \to \beta^*$ 时有

$$\liminf_{\beta \to \beta^*} \int_{B_2(0)} |U_\beta|^2 \mathrm{d}x \geq \eta > 0,$$
$$\lim_{\beta \to \beta^*} V(z_\beta) = 0,$$
$$U_\beta(x) \to \frac{Q(x)}{||Q||_2} \text{ 在 } H^1(\mathbb{R}^N) \text{ 中强收敛},$$

其中 U_β 由 (6.1.7) 式定义.

证明. 因为 u_β 满足方程 (6.2.12), 则 U_β 满足下面方程

$$-b\Delta U_\beta + \epsilon_\beta^4 V(\epsilon_\beta x + z_\beta) U_\beta = \epsilon_\beta^4 \lambda_\beta U_\beta + \beta U_\beta^{\frac{8}{N}+1}. \tag{6.3.9}$$

由于 U_β 在 $x = 0$ 处取得最大值, 则有 $-\Delta U_\beta(0) \geq 0$, 因此方程 (6.3.9) 等号的左端大于 0, 结合引理 6.3.3 以及 (6.3.9) 式可知, 当 $\beta \to \beta^*$ 时有

$$U_\beta^{\frac{8}{N}}(0) \geq -\epsilon_\beta^4 \lambda_\beta \geq \frac{b(4-N)}{4N}. \tag{6.3.10}$$

由于 $V(x) \geq 0$ 以及当 β 充分靠近 β^* 时有 $\epsilon_\beta^4 \lambda_\beta \leq 0$, 因此

$$-b\Delta U_\beta \leq \beta U_\beta^{\frac{8}{N}+1}, \tag{6.3.11}$$

利用 (6.3.11) 式以及 De Giorgi-Nash-Morser 理论(Gilbarg et al.,1983), 对任意 $\xi \in \mathbb{R}^N$ 有

$$\int_{B_2(\xi)} |U_\beta|^2 \mathrm{d}x \geq \max_{B_1(\xi)} U_\beta \geq U_\beta(\xi). \tag{6.3.12}$$

特别地, 在 (6.3.12) 式中取 $\xi = 0$, 由 (6.3.10) 与 (6.3.12) 式可知当 $\beta \to \beta^*$ 时, 存在 $\eta > 0$ 使得

$$\int_{B_2(0)} |U_\beta|^2 \mathrm{d}x \geq \eta, \tag{6.3.13}$$

结合 (6.2.1) 以及 (6.3.13) 式有

$$\begin{aligned} e_\beta = E_\beta(u_\beta) &\geq \int_{\mathbb{R}^N} V(x)|u_\beta|^2 \mathrm{d}x \\ &\geq \int_{B_2(0)} V(\epsilon_\beta x + z_\beta)|U_\beta|^2 \mathrm{d}x \\ &\geq \inf_{|x|<2} V(\epsilon_\beta x + z_\beta)\eta \geq 0. \end{aligned} \tag{6.3.14}$$

在(6.3.14)式中令$\beta \to \beta^*$, 利用引理6.3.1 和引理6.3.2 可得 $\lim\limits_{\beta \to \beta^*} dist(z_\beta, Z) = 0$, 即 $\lim\limits_{\beta \to \beta^*} V(z_\beta) = 0$. 因为

$$||U_\beta(x)||_2 = ||\nabla U_\beta(x)||_2 = 1,$$

所以序列 $\{U_\beta\}$ 在 $H^1(\mathbb{R}^N)$ 中是有界序列, 故存在 $U_0 \in H^1(\mathbb{R}^N)$, 当 $\beta \to \beta^*$ 时, 子列的意义下有 $U_\beta \rightharpoonup U_0$ 在 $H^1(\mathbb{R}^N)$ 中弱收敛. 在 (6.3.9) 式中令 $\beta \to \beta^*$, 可得 U_0 满足下面方程

$$-\frac{2}{||Q||_2^{\frac{8}{N}}}\Delta U_0 + \frac{4-N}{N||Q||_2^{\frac{8}{N}}}U_0 = U_0^{\frac{8}{N}+1}, \tag{6.3.15}$$

利用方程 (6.1.5) 正解的唯一性可知, 存在 $x_0 \in \mathbb{R}^N$, 使得

$$U_0 = \frac{Q(|x-x_0|)}{||Q||_2}, \tag{6.3.16}$$

同时

$$||U_0||_2 = ||\nabla U_0||_2 = 1,$$

因此当 $\beta \to \beta^*$ 时, $U_\beta \to U_0$ 在 $H^1(\mathbb{R}^N)$ 中强收敛. 根据 U_β 的定义 (6.1.7) 式, 对于任意的 $0 < \beta < \beta^*$, $x = 0$ 是 U_β 的唯一最大值点, 因此它也是 U_0

的最大值点. 由于 $Q(x)$ 是径向函数同时 $Q(x)$ 关于 $|x|$ 单调递减(Mcleod et al.,1981;Weinstein,1983), 因此 $x=0$ 是 U_0 的唯一最大值点, 即 (6.3.16) 式中的 $x_0=0$, 故 $U_0=\frac{Q(x)}{||Q||_2}$. □

下面证明定理 6.1.2.

定理 6.1.2 的证明:　对任意的 $\beta\in(0,\beta^*)$, 取 $x_{i_0}\in Z_0$, 记

$$u_\tau(x)=\frac{\tau^{\frac{N}{2}}}{||Q||_2}Q(\tau|x-x_{i_0}|),$$

由于 $V(x)$ 满足条件 (V_1), 故当 $\tau\to+\infty$ 时有

$$\begin{aligned}\int_{\mathbb{R}^N}V(x)|u_\tau|^2\mathrm{d}x&=\frac{1}{||Q||_2^2}\int_{\mathbb{R}^N}V(x/\tau+x_{i_0})Q^2(x)\mathrm{d}x\\&=\frac{1}{||Q||_2^2}\int_{\mathbb{R}^N}\frac{V(x/\tau+x_{i_0})}{|x/\tau|^q}|x/\tau|^qQ^2(x)\mathrm{d}x\\&=\frac{\mu_0}{||Q||_2^2\tau^q}(1+o(1)),\end{aligned}\tag{6.3.17}$$

以及

$$\begin{aligned}e_\beta&\le E_\beta(u_\tau)\\&=\frac{b}{4}\tau^4-\frac{\beta}{2||Q||_2^{\frac{8}{N}}}\tau^4+\frac{\mu_0}{2||Q||_2^2\tau^q}(1+o(1))\\&=\frac{\beta^*-\beta}{2||Q||_2^{\frac{8}{N}}}\tau^4+\frac{\mu_0}{2||Q||_2^2\tau^q}(1+o(1)).\end{aligned}\tag{6.3.18}$$

在 (6.3.18) 式中令 $\tau=\left[\frac{4(\beta^*-\beta)}{q\mu_0\|Q\|_2^{\frac{8}{N}-2}}\right]^{-\frac{1}{q+4}}$, 由于当 $\beta\to\beta^*$ 时 $\tau\to\infty$, 故有

$$\begin{aligned}e_\beta\le E_\beta(u_\tau)=&\frac{(\beta^*-\beta)^{\frac{q}{q+4}}}{2||Q||_2^{\frac{8}{N}}}\left[\frac{4}{q\mu_0\|Q\|_2^{\frac{8}{N}-2}}\right]^{-\frac{4}{q+4}}\\&+\frac{\mu_0}{2||Q||_2^2}\left[\frac{4(\beta^*-\beta)}{q\mu_0\|Q\|_2^{\frac{8}{N}-2}}\right]^{\frac{q}{q+4}}(1+o(1)),\end{aligned}\tag{6.3.19}$$

因此可以推出

$$
\begin{aligned}
&\lim_{\beta\to\beta^*}\sup\frac{e_\beta}{(\beta^*-\beta)^{\frac{q}{q+4}}}\\
\le&\frac{1}{2\|Q\|_2^{\frac{8}{N}}}\left[\frac{4}{q\mu_0\|Q\|_2^{\frac{8}{N}-2}}\right]^{-\frac{4}{q+4}}+\frac{\mu_0}{2\|Q\|_2^2}\left[\frac{4}{q\mu_0\|Q\|_2^{\frac{8}{N}-2}}\right]^{\frac{q}{q+4}}\\
=&\frac{q+4}{2q\|Q\|_2^{\frac{8}{N}}}\left(\frac{\mu_0 q\|Q\|_2^{\frac{8}{N}-2}}{4}\right)^{\frac{4}{q+4}}.
\end{aligned}
\tag{6.3.20}
$$

下面证明 $\lim\limits_{\beta\to\beta^*}\sup\dfrac{e_\beta}{(\beta^*-\beta)^{\frac{q}{q+4}}}$ 存在同样的下界. 对任意的 $\beta\in(0,\beta^*)$, 设 u_β 是 e_β 的极小可达元, 根据引理 6.3.4 可知 u_β 的全局最大值点 z_β 满足当 $\beta\to\beta^*$ 时, $z_\beta\to z_0$ 且 z_0 满足 $V(z_0)=0$. 假设对某个 $1\le j_0\le n$, $z_0=x_{j_0}$. 首先证明下面结论成立

$$
q_{j_0}=q \text{ 且 } \left\{\frac{z_\beta-x_{j_0}}{\epsilon_\beta}\right\} \text{是有界序列.} \tag{6.3.21}
$$

若 (6.3.21) 式不成立, 则 $q_{j_0}<q$ 或者 $\lim\limits_{\beta\to\beta^*}|\frac{z_\beta-x_{j_0}}{\epsilon_\beta}|=+\infty$ 成立, 那么对于任意的 $M>0$ 有

$$
\begin{aligned}
&\liminf_{\beta\to\beta^*}\frac{1}{\epsilon_\beta^q}\int_{\mathbb{R}^N}V(x)|u_\beta|^2\mathrm{d}x\\
=&\liminf_{\beta\to\beta^*}\frac{1}{\epsilon_\beta^q}\int_{\mathbb{R}^N}V(\epsilon_\beta x+z_\beta)|U_\beta|^2\mathrm{d}x\\
=&\liminf_{\beta\to\beta^*}\frac{1}{\epsilon_\beta^{q-q_{j_0}}}\int_{\mathbb{R}^N}\frac{V(\epsilon_\beta x+z_\beta)}{|\epsilon_\beta x+z_\beta-x_{j_0}|^{q_{j_0}}}\left|x+\frac{z_\beta-x_{j_0}}{\epsilon_\beta}\right|^{q_{j_0}}|U_\beta|^2\mathrm{d}x\\
\ge&M.
\end{aligned}
\tag{6.3.22}
$$

进一步, 利用 (6.2.1) 式和 Young 不等式有

$$
e_\beta=E_\beta(u_\beta)\ge\frac{\beta^*-\beta}{2\|Q\|_2^{\frac{8}{N}}}\epsilon_\beta^{-4}+\frac{M}{2}\epsilon_\beta^q\ge CM^{\frac{4}{q+4}}(\beta^*-\beta)^{\frac{q}{q+4}}. \tag{6.3.23}
$$

这与 (6.3.20) 式矛盾, 因此 (6.3.21) 式成立, 从而在子列的意义下, 存在

$y_0 \in \mathbb{R}^N$, 当 $\beta \to \beta^*$ 时有

$$\frac{z_\beta - x_{j_0}}{\epsilon_\beta} \to y_0, \tag{6.3.24}$$

因此

$$\begin{aligned}
&\liminf_{\beta \to \beta^*} \frac{1}{\epsilon_\beta^q} \int_{\mathbb{R}^N} V(x)|u_\beta|^2 \mathrm{d}x \\
&= \liminf_{\beta \to \beta^*} \frac{1}{\epsilon_\beta^q} \int_{\mathbb{R}^N} V(\epsilon_\beta x + z_\beta)|U_\beta|^2 \mathrm{d}x \\
&= \liminf_{\beta \to \beta^*} \int_{\mathbb{R}^N} \frac{V(\epsilon_\beta x + z_\beta)}{|\epsilon_\beta x + z_\beta - x_{j_0}|^{q_{j_0}}} \left| x + \frac{z_\beta - x_{j_0}}{\epsilon_\beta} \right|^{q_{j_0}} |U_\beta|^2 \mathrm{d}x \\
&= \frac{\kappa_{j_0}}{||Q||_2^2} \int_{\mathbb{R}^N} |x + y_0|^{q_{j_0}} Q^2(x) \mathrm{d}x \geq \frac{\mu_{j_0}}{||Q||_2^2} \geq \frac{\mu_0}{||Q||_2^2},
\end{aligned} \tag{6.3.25}$$

从而利用 (6.2.1) 式和 Young 不等式有

$$\begin{aligned}
e_\beta &\geq \frac{\beta^* - \beta}{2||Q||_2^{\frac{8}{N}}} \epsilon_\beta^{-4} + \frac{\mu_0 \epsilon_\beta^q}{2||Q||_2^2} \\
&\geq \frac{(q+4)(\beta^* - \beta)^{\frac{q}{q+4}}}{2q||Q||_2^{\frac{8}{N}}} \left(\frac{\mu_0 q ||Q||_2^{\frac{8}{N}-2}}{4} \right)^{\frac{4}{q+4}} (1 + o(1)),
\end{aligned} \tag{6.3.26}$$

故

$$\liminf_{\beta \to \beta^*} \frac{e_\beta}{(\beta^* - \beta)^{\frac{q}{q+4}}} \geq \frac{q+4}{2q||Q||_2^{\frac{8}{N}}} \left(\frac{\mu_0 q ||Q||_2^{\frac{8}{N}-2}}{4} \right)^{\frac{4}{q+4}}. \tag{6.3.27}$$

利用 (6.3.20) 与 (6.3.27) 式有

$$\lim_{\beta \to \beta^*} \frac{e_\beta}{(\beta^* - \beta)^{\frac{q}{q+4}}} = \frac{q+4}{2q||Q||_2^{\frac{8}{N}}} \left(\frac{\mu_0 q ||Q||_2^{\frac{8}{N}-2}}{4} \right)^{\frac{4}{q+4}}, \tag{6.3.28}$$

(6.3.28) 式说明 (6.3.25) 和 (6.3.26) 式中的不等号取等号, 此时有 $y_0 = 0$, $\mu_{i_0} = \mu_0$(即 $z_0 \in Z_0$) 以及当 $\beta \to \beta^*$ 时

$$\epsilon_\beta^{-1} = \left(\int_{\mathbb{R}^N} |\nabla u_\beta|^2 \mathrm{d}x \right)^{\frac{1}{2}} = \left[\frac{\mu_0 q ||Q||_2^{\frac{8}{N}-2}}{4(\beta^* - \beta)} \right]^{\frac{1}{q+4}} (1 + o(1)). \tag{6.3.29}$$

因此, 根据引理 6.3.3, 引理 6.3.4, (6.3.24), (6.3.28) 以及 (6.3.29) 式, 则完成了定理 6.1.2 的证明. □

第7章 Kirchhoff 型椭圆方程正规化解的集中性和局部唯一性

7.1 研究背景和主要结论

本章考虑如下 Kirchhoff 型椭圆方程的 L^2 规范解

$$-\left(a+b\int_{\mathbb{R}^2}|\nabla u|^2\mathrm{d}x\right)\Delta u+V(x)u=\beta|u|^2u+\lambda u,\ x\in\mathbb{R}^2, \tag{7.1.1}$$

该方程是一般形式 Kirchhoff 方程的稳态方程. 经典的 Kirchhoff 方程由 Kirchhoff (1883) 提出, 推广了描述了弹性弦自由振动的波动方程, 关于 Kirchhoff 型方程的更多背景和相关结果, 见文献 [2, 16, 17, 36, 37, 39, 40, 42, 45, 46].

众所周知, 对于适当的拉格朗日乘子 λ, 方程 (7.1.1) 的 L^2 规范化解对应于下面极小化问题的极小可达元

$$e_a=\inf_{u\in S}E_a(u), \tag{7.1.2}$$

其中

$$\begin{aligned}E_a(u)=&\frac{a}{2}\int_{\mathbb{R}^2}|\nabla u|^2\mathrm{d}x+\frac{b}{4}\left(\int_{\mathbb{R}^2}|\nabla u|^2\mathrm{d}x\right)^2+\frac{1}{2}\int_{\mathbb{R}^2}V(x)u^2\mathrm{d}x\\&-\frac{\beta}{4}\int_{\mathbb{R}^2}|u|^4\mathrm{d}x,\end{aligned} \tag{7.1.3}$$

$$S=\left\{u\in\mathcal{H}:\int_{\mathbb{R}^2}|u|^2\mathrm{d}x=1\right\}, \tag{7.1.4}$$

以及

$$\mathcal{H}=\left\{u\in H^1(\mathbb{R}^2):\int_{\mathbb{R}^2}V(x)u^2\mathrm{d}x<\infty\right\}. \tag{7.1.5}$$

研究方程 (7.1.1) 的 L^2 规范解, 等价于研究问题 (7.1.2) 的极小可达元. 注意到, 当参数 $a=1,b=0$ 时, 方程 (7.1.1) 退化为经典的 Schrödinger 方程, 该方程与研究 Bose-Einstein 凝聚现象的 Gross-Pitaevskii 方程密切相关, 相关背景知识见文献 [15, 19]. 近些年来, 方程 (7.1.1) 或者问题 (7.1.2) 也受到了学者的密切关注, 参见文献 [4, 27, 28, 29, 30, 31, 83], 上述文献都要求位势函数 $V(x)$ 满足下面的条件, 即

$$V(x)\in L^\infty_{loc}(\mathbb{R}^2,\mathbb{R}^+),\ \lim_{|x|\to\infty}V(x)=\infty \text{ 且 } \inf_{x\in\mathbb{R}^2}V(x)=0. \tag{7.1.6}$$

特别地, 在文献 [4, 29, 83] 中, 作者正面了问题 (7.1.2) 至少有一个可达元当且仅当 $\beta\in[0,\beta^*)$, 并且当 $\beta\geq\beta^*$ 时 (7.1.2)不存在可达元, 其中 $\beta^*=\|Q\|_2^2$, 同时 $Q(x)$ 是下面方程唯一(在平移的意义下)的径向对称正解

$$-\Delta u+u=u^3,\ u\in H^1(\mathbb{R}^2). \tag{7.1.7}$$

在文献 [29, 31] 中, 作者证明了 $\beta\nearrow\beta^*$ 时极小可达元的集中性和对称破坏性. 此外, 文献 [28] 进一步证明了参数 β 靠近 β^* 时可达元的唯一性.

当参数 $a>0,b>0$ 时, 作者在文献 [25] 中证明了对所有的 $a>0$ 和 $b>0$, 问题 (7.1.2) 至少存在一个可达元. 最近, 作者在文献 [26] 中分析了参数 $b\to 0$ 时, 问题 (7.1.2) 可达元的集中行为, 并且当 b 充分靠近 0 时, 他们还证明了可达元的唯一性结果. 此外, 当参数 $a\to 0$ 时, 作者在文献[39] 中证明了可达元的集中行为, 并且也给出了可达元的唯一性结果. 受到上述文献 [26, 39] 的启发, 当参数 a 和 b 同时趋于 0 时, 可达元会有怎样的行为? 基于此, 对于固定的参数 $\beta>0$, 本章将研究 $(a,b)\to(0,0)$ 时, 问题 (7.1.2) 可

达元的集中行为. 此外, 当参数 a,b 充分靠近 0 时, 本章还进一步研究问题 (7.1.2) 可达元的唯一性结果. 本章仅仅在 $\mathbb{R}^2$ 空间中研究方程 (7.1.1), 用本章同样的方法, 很容易把本章的结果推广到空间 $\mathbb{R}^N$ $(N \geq 3)$ 中.

首先, 回顾下面的 Gagliardo-Nirenberg 不等式(Weinstein,1983)

$$\int_{\mathbb{R}^2} |u|^4 \mathrm{d}x \leq \frac{2}{\|Q\|_2^2} \int_{\mathbb{R}^2} |\nabla u|^2 \mathrm{d}x \int_{\mathbb{R}^2} |u|^2 \mathrm{d}x, \ u \in H^1(\mathbb{R}^2), \tag{7.1.8}$$

其中 $Q(x)$ 由 (7.1.7) 式定义. 此外, 利用 (7.1.7) 式和 (7.1.8) 式, 可知

$$\int_{\mathbb{R}^2} |\nabla Q|^2 \mathrm{d}x = \int_{\mathbb{R}^2} |Q|^2 \mathrm{d}x = \frac{1}{2} \int_{\mathbb{R}^2} |Q|^4 \mathrm{d}x, \tag{7.1.9}$$

进一步, 由文献 [20] 中的 命题 4.1 可知,

$$\text{当 } |x| \to \infty \text{ 时, } Q(|x|), |\nabla Q(|x|)| = O(|x|^{-\frac{1}{2}} \mathrm{e}^{-|x|}). \tag{7.1.10}$$

接下来, 在给出本章的结果之前, 需要对参数 a,b 和位势函数 $V(x)$ 做出如下的假设:

(B) $b = b(a)$, 并且当 $b \to 0$ 时, $a \to 0$.

(V_1) 存在 n 个常数 $q_j > 0$, $j = 1, 2, \cdots, n$, 以及函数 $h(x) \in C^1(\mathbb{R}^2)$ 使得

$$V(x) = h(x) \prod_{j=1}^{n} |x - x_j|^{q_j},$$

其中对于某个常数 $C > 0$ 和所有的 $x \in \mathbb{R}^2$, $\frac{1}{C} \leq h(x) \leq C$ 成立. 令

$$q = \max_{1 \leq j \leq n} q_j, \ \ Z = \{x \in \mathbb{R}^2 : V(x) = 0\} = \{x_1, x_2, \cdots, x_n\}, \tag{7.1.11}$$

$$\kappa_j = \lim_{x \to 0} \frac{V(x + x_j)}{|x|^{q_j}}, \ \ \mu_j = \kappa_j \int_{\mathbb{R}^2} |x|^{q_j} Q^2(x) \mathrm{d}x. \tag{7.1.12}$$

定义

$$\overline{Z} = \{x_j \in Z : q_j = q\} \subset Z, \ \ \Lambda = \{j : x_j \in \overline{Z}\}. \tag{7.1.13}$$

记

$$\mu_0 = \min_{j \in \Lambda} \mu_j, \ \ Z_0 = \{x_j \in \overline{Z} : \mu_j = \mu_0\}. \tag{7.1.14}$$

(V_2) 矩阵 $\boldsymbol{H} = (H_{ij})_{2\times 2}$ 是非退化的, 即

$$\det(H_{ij}) \neq 0, \ \ 其中\ H_{ij} = \frac{1}{||Q||_2^2} \int_{\mathbb{R}^2} \partial_{ij}(|x|^q) Q^2(x) \mathrm{d}x.$$

此外, 引入下面的极小化问题

$$\overline{e}_a = \inf \left\{ \overline{E}_a(u) : u \in H^1(\mathbb{R}^2)\ 且\ \int_{\mathbb{R}^2} |u|^2 \mathrm{d}x = 1 \right\}, \tag{7.1.15}$$

其中

$$\overline{E}_a(u) = \frac{a}{2} \int_{\mathbb{R}^2} |\nabla u|^2 \mathrm{d}x + \frac{b}{4} \left(\int_{\mathbb{R}^2} |\nabla u|^2 \mathrm{d}x \right)^2 - \frac{\beta}{4} \int_{\mathbb{R}^2} |u|^4 \mathrm{d}x. \tag{7.1.16}$$

当参数 $a > 0, b > 0$ 时, 作者在文献([25], 定理1.1) 中证明了 $\overline{e}_a$ 至少存在一个可达元当且仅当 $\beta > \tilde{\beta}$, 其中 $\tilde{\beta} = a||Q||_2^2$. 此外, 根据文献([25], 定理 1.2), 对于所有的 $\beta \geq 0$, e_a 至少存在一个可达元. 因为对于几乎处处的 $x \in \mathbb{R}^2$, $|\nabla u| = |\nabla||u|$ 成立, 不失一般性, 假设 e_a 和 $\overline{e}_a$ 的可达元都是非负的. 现在给出本章的主要定理.

定理 7.1.1. 对于任意给定的 $\beta > 0$, 假设条件 (B) 和 (V_1) 成立, 对于任意的参数 $a > 0$, 令 u_a 是 e_a 的可达元, 并且 $z_a \in \mathbb{R}^2$ 是 u_a 的唯一极大值点, 那么存在 $\lambda_a < 0$ 以及 $x_0 \in Z_0$ 使得

$$当\ a \to 0\ 时,\ \epsilon_a u_a(\epsilon_a x + z_a) \to \frac{Q(x)}{||Q||_2}\ 在\ H^1(\mathbb{R}^2)\ 在强收敛, \tag{7.1.17}$$

$$当\ a \to 0\ 时,\ z_a \to x_0 \in Z_0, \tag{7.1.18}$$

其中 $Q(x)$ 由 (7.1.7) 式定义, Z_0 由 (7.1.14) 式定义, 并且

$$当\ a \to 0\ 时,\ \epsilon_a^{-2} = \int_{\mathbb{R}^2} |\nabla u_a|^2 \mathrm{d}x = \frac{\beta}{b||Q||_2^2}(1 + o(1)), \tag{7.1.19}$$

$$\text{当 } a \to 0 \text{ 时, } \lambda_a \epsilon_a^{-2} \to -\frac{\beta}{||Q||_2^2}. \tag{7.1.20}$$

此外,

$$\text{当 } a \to 0 \text{ 时, } e_a = -\frac{(\beta - a||Q||_2^2)^2}{4b||Q||_2^4}(1 + o(1)), \tag{7.1.21}$$

并且

$$\text{当 } a \to 0 \text{ 时, } \frac{z_a - x_0}{\epsilon_a} \to 0. \tag{7.1.22}$$

定理 7.1.1 说明当 $a \to 0$ 时, e_a 的非负可达元一定在位势函数 $V(x)$ 的最平坦点处集中. 和文献 [29] 中的证明方法对比, 在分析本章中 e_a 可达元的集中行为时, 非局部项 $(\int_{\mathbb{R}^2} |\nabla u|^2 \mathrm{d}x)^2$ 将带来一些新的困难.

最后, 考虑 e_a 可达元的局部唯一性, 结果如下:

定理 7.1.2.　对任意给定的 $\beta > 0$, 假设条件 (B), (V_1) 和 (V_2) 成立, 并且在 (7.1.14) 中 $Z_0 = \{x_1\}$ 成立, 那么当 $a > 0$ 充分靠近 0 时, e_a 的可达元 u_a 是唯一的.

7.2　定理 7.1.1 的证明

为了证明定理 7.1.1, 首先介绍一些重要的引理.

引理 7.2.1.　当 $a > 0$ 充分小时, 令

$$\widetilde{\beta} = a||Q||_2^2. \tag{7.2.1}$$

那么

$$\overline{e}_a = -\frac{(\beta - \widetilde{\beta})^2}{4b||Q||_2^4}, \tag{7.2.2}$$

并且 $\overline{e}_a$ 的唯一(在忽略平移意义下)非负可达元一定是下面的形式

$$\overline{u}_a(x) = \frac{r_a^{\frac{1}{2}}}{||Q||_2} Q(r_a^{\frac{1}{2}} x), \text{ 其中 } r_a = \frac{\beta - \widetilde{\beta}}{b||Q||_2^2}. \tag{7.2.3}$$

证明. 详细的证明过程可参见文献 [26] 中的引理 2.1 或者文献 [82] 中的定理 1.1. □

引理 7.2.2. 假设条件 (B) 和条件 (V_1) 成立. 令 u_a 是 e_a 的非负可达元, 那么

$$\text{当 } a \to 0 \text{ 时}, \ 0 \le e_a - \bar{e}_a \to 0, \tag{7.2.4}$$

并且

$$\text{当 } a \to 0 \text{ 时}, \ \int_{\mathbb{R}^2} V(x)|u_a|^2 \mathrm{d}x \to 0. \tag{7.2.5}$$

证明. 根据 e_a 和 $\bar{e}_a$ 的定义有

$$e_a = E_a(u_a) \ge \overline{E}_a(u_a) \ge \bar{e}_a, \tag{7.2.6}$$

该式说明

$$0 \le e_a - \bar{e}_a. \tag{7.2.7}$$

令

$$\psi_a(x) = \overline{u}_a(x - x_0), \tag{7.2.8}$$

其中 $\overline{u}_a$ 由 (7.2.3) 式定义且 $x_0 \in Z$ 由 (7.1.11) 式定义, 那么 $\int_{\mathbb{R}^2} \psi_a^2(x)\mathrm{d}x = 1$, 并且

$$\begin{aligned} e_a - \bar{e}_a &\le E_a(\psi_a(x)) - \overline{E}_a(\overline{u}_a(x)) \\ &= \frac{1}{2}\int_{\mathbb{R}^2} V(x)\psi_a^2(x)\mathrm{d}x \\ &= \frac{1}{2}\int_{\mathbb{R}^2} V(r_a^{-\frac{1}{2}}x + x_0)\frac{Q^2}{||Q||_2^2}\mathrm{d}x. \end{aligned} \tag{7.2.9}$$

利用 (7.1.10) 式, (7.2.3) 式和控制收敛定理可知, 当 $a \to 0$ 时,

$$\frac{1}{2}\int_{\mathbb{R}^2} V(r_a^{-\frac{1}{2}}x + x_0)\frac{Q^2}{||Q||_2^2}\mathrm{d}x \to \frac{1}{2}\int_{\mathbb{R}^2} V(x_0)\frac{Q^2}{||Q||_2^2}\mathrm{d}x = 0. \tag{7.2.10}$$

(7.2.7) 式, (7.2.9) 和 (7.2.10) 式说明

$$\text{当 } a \to 0 \text{ 时}, \ 0 \le e_a - \bar{e}_a \to 0.$$

此外,

$$\text{当 } a \to 0 \text{ 时}, \ 0 \le \int_{\mathbb{R}^2} V(x) u_a^2 \mathrm{d}x = E_a(u_a) - \overline{E}_a(u_a) \le e_a - \bar{e}_a \to 0.$$

□

引理 7.2.3. 对任意给定的 $\beta > 0$, 假设条件 (B) 和 (V_1) 成立, 并且 u_a 是 e_a 的非负可达元, 那么

$$\text{当 } a \to 0 \text{ 时}, \ b\epsilon_a^{-2} \to \frac{\beta}{||Q||_2^2}, \ \lambda_a \epsilon_a^2 \to -\frac{\beta}{||Q||_2^2}, \tag{7.2.11}$$

并且

$$\text{当 } a \to 0 \text{ 时}, \ \frac{\epsilon_a^2}{4} \int_{\mathbb{R}^2} |u_a|^4 \mathrm{d}x \to \frac{1}{2||Q||_2^2}, \tag{7.2.12}$$

其中 ϵ_a 由 (7.1.19) 式定义.

证明. 对任意满足 $\int_{\mathbb{R}^2} |u|^2 \mathrm{d}x = 1$ 的 $u \in H^1(\mathbb{R}^2)$, 由 (7.1.8) 式和 (7.2.1) 式可得

$$\overline{E}_a(u) \ge \frac{b}{4} \left(\int_{\mathbb{R}^2} |\nabla u|^2 \mathrm{d}x \right)^2 - \frac{\beta - \widetilde{\beta}}{2||Q||_2^2} \int_{\mathbb{R}^2} |\nabla u|^2 \mathrm{d}x.$$

令

$$h(r) = \frac{b}{4} r^2 - \frac{\beta - \widetilde{\beta}}{2||Q||_2^2} r, \ r \in [0, +\infty). \tag{7.2.13}$$

通过简单的计算, 可知 $h(r)$ 在点 $r_a = \frac{\beta - \widetilde{\beta}}{b||Q||_2^2}$ 处取得全局最大值, 并且

$$h(r_a) = -\frac{(\beta - \widetilde{\beta})^2}{4b||Q||_2^4} = \bar{e}_a. \tag{7.2.14}$$

接下来, 我们断言

$$\text{当 } a \to 0 \text{ 时}, \ \frac{\int_{\mathbb{R}^2} |\nabla u_a|^2 \mathrm{d}x}{r_a} \to 1. \tag{7.2.15}$$

若上式不成立, 那么存在某个 $\theta \geq 0$ 使得

$$\text{当 } a \to 0 \text{ 时}, \ \frac{\int_{\mathbb{R}^2} |\nabla u_a|^2 \mathrm{d}x}{r_a} \to \theta,$$

下面证明无论 $\theta \in [0,1)$ 还是 $\theta > 1$, 这总是矛盾的.

事实上, 如果 $\theta \in [0,1)$, 那么存在某个 $\epsilon > 0$ 满足 $\delta \triangleq \theta + \epsilon < 1$ 且当 $a \to 0$ 时, $\frac{\int_{\mathbb{R}^2} |\nabla u_a|^2 \mathrm{d}x}{r_a} \leq \delta$. 利用 (7.2.4) 式和 (7.2.14) 式可得

$$\text{当 } a \text{ 充分小时}, 0 > e_a = E_a(u_a) \geq h\left(\int_{\mathbb{R}^2} |\nabla u_a|^2 \mathrm{d}x\right) \geq h(\delta r_a) \geq h(r_a) = \overline{e}_a.$$

因此对于所有的 $\delta \in [0,1)$ 有

$$\begin{aligned} \lim_{a\to 0} \frac{e_a}{h(r_a)} \leq \lim_{a\to 0} \frac{h(\delta r_a)}{h(r_a)} &= \lim_{a\to 0} \frac{\frac{b}{4}\delta^2 r_a^2 - \frac{\beta-\widetilde{\beta}}{2\|Q\|_2^2}\delta r_a}{\frac{b}{4}r_a^2 - \frac{\beta-\widetilde{\beta}}{2\|Q\|_2^2} r_a} \\ &= -\delta^2 + 2\delta \in (0,1). \end{aligned} \tag{7.2.16}$$

此外, (7.2.4) 式和 (7.2.14) 式说明

$$\lim_{a\to 0} \frac{e_a}{h(r_a)} = \lim_{a\to 0} \frac{\overline{e}_a + o(1)}{\overline{e}_a} = 1,$$

该式和 (7.2.16) 式相矛盾.

类似地, 如果 $\theta > 1$, 仍然可以推出矛盾.

如果 (7.2.15) 式的极限不存在, 那么存在两个正常数 $m_1 \in (0,+\infty]$ 和 $m_2 \in [0,+\infty)$ 满足

$$\limsup_{a\to 0} \frac{\int_{\mathbb{R}^2} |\nabla u_a|^2 \mathrm{d}x}{r_a} = m_1, \ \liminf_{a\to 0} \frac{\int_{\mathbb{R}^2} |\nabla u_a|^2 \mathrm{d}x}{r_a} = m_2.$$

因为 $m_1 \neq m_2$, 我们有 $m_1 \neq 1$, 或者 $m_2 \neq 1$. 继续重复上面的证明过程, 仍然可以推出矛盾, 从而 (7.2.15) 式成立. 因此, 当 $a \to 0$ 时,

$$b\epsilon_a^{-2} = b\int_{\mathbb{R}^2} |\nabla u_a|^2 \mathrm{d}x = \frac{\int_{\mathbb{R}^2} |\nabla u_a|^2 \mathrm{d}x}{r_a} \cdot \frac{\beta - \widetilde{\beta}}{\|Q\|_2^2} \to \frac{\beta}{\|Q\|_2^2}. \tag{7.2.17}$$

因为 u_a 是 e_a 的可达元, 那么

$$\frac{e_a}{r_a} = \frac{a\int_{\mathbb{R}^2} |\nabla u_a|^2}{2r_a} + \frac{\int_{\mathbb{R}^2} V(x)u_a^2 \mathrm{d}x}{2r_a} + \frac{b\left(\int_{\mathbb{R}^2} |\nabla u_a|^2 \mathrm{d}x\right)^2}{4r_a} - \frac{\beta\int_{\mathbb{R}^2} |u_a|^4 \mathrm{d}x}{4r_a}.$$

利用引理 7.2.1 和引理 7.2.2 可得

$$\text{当 } a \to 0 \text{ 时}, \ \frac{\int_{\mathbb{R}^2} |u_a|^4 \mathrm{d}x}{4r_a} \to \frac{1}{2\|Q\|_2^2}.$$

那么

$$\text{当 } a \to 0 \text{ 时}, \ \frac{\epsilon_a^2}{4}\int_{\mathbb{R}^2} |u_a|^4 \mathrm{d}x = \frac{\int_{\mathbb{R}^2} |u_a|^4 \mathrm{d}x}{4r_a} \cdot \frac{\beta - \widetilde{\beta}}{b\epsilon_a^{-2}\|Q\|_2^2} \to \frac{1}{2\|Q\|_2^2}. \tag{7.2.18}$$

因为 u_a 是 e_a 的可达元, 所以 u_a 满足下面的方程

$$-\left(a + b\int_{\mathbb{R}^2} |\nabla u_a|^2 \mathrm{d}x\right)\Delta u_a + V(x)u_a = \beta u_a^3 + \lambda_a u_a. \tag{7.2.19}$$

在方程 (7.2.19) 两边同时乘以 u_a 并在 $\mathbb{R}^2$ 上积分, 则

$$\lambda_a = a\epsilon_a^{-2} + b\epsilon_a^{-4} + \int_{\mathbb{R}^2} V(x)u_a^2 \mathrm{d}x - \beta\int_{\mathbb{R}^2} |u_a|^4 \mathrm{d}x. \tag{7.2.20}$$

(7.2.20) 式说明

$$\epsilon_a^2\lambda_a = a + b\epsilon_a^{-2} + \epsilon_a^2\int_{\mathbb{R}^2} V(x)u_a^2 \mathrm{d}x - \beta\epsilon_a^2\int_{\mathbb{R}^2} |u_a|^4 \mathrm{d}x. \tag{7.2.21}$$

利用 (7.2.5) 式, (7.2.17) 式, (7.2.18) 式和 (7.2.21) 式可知

$$\text{当 } a \to 0\text{时}, \ \epsilon_a^2\lambda_a \to \frac{\beta}{\|Q\|_2^2} - \frac{2\beta}{\|Q\|_2^2} = -\frac{\beta}{\|Q\|_2^2}. \tag{7.2.22}$$

因此, 由 (7.2.17) 式和 (7.2.22) 式可知 (7.2.11) 式成立, (7.2.18) 说明 (7.2.12) 式成立. □

引理 7.2.4. 对任意给定的 $\beta>0$, 令 u_a 是 e_a 的非负可达元, 那么 u_a 至少存在一个全局最大值点 z_a, 并且

$$\text{当 } a\to 0 \text{ 时},\ z_a\to x_0\in Z, \tag{7.2.23}$$

其中 Z 由 (7.1.11) 式定义.

证明. 因为 $||u_a||_2=1$, 根据椭圆方程的正则性理论(类似于 [39] 中引理 3.1 的证明)有

$$\text{当 } |x|\to+\infty \text{ 时},\ u_a(x)\to 0. \tag{7.2.24}$$

因此, 每一个 u_a 至少存在一个全局最大值点 z_a. 令

$$U_a(x)=\epsilon_a u_a(\epsilon_a x+z_a), \tag{7.2.25}$$

其中 ϵ_a 由 (7.1.19) 式定义, 那么 $U_a(x)$ 满足下面的方程

$$-(a+b\epsilon_a^{-2})\Delta U_a+\epsilon_a^2 V(\epsilon_a x+z_a)U_a=\epsilon_a^2\lambda_a U_a+\beta U_a^3,\ \ x\in\mathbb{R}^2. \tag{7.2.26}$$

当 a 充分小时, 利用 (7.2.11) 式可得

$$-\Delta U_a-c(x)U_a\le 0,\ \text{其中 } c(x)=2||Q||_2^2U_a^2(x). \tag{7.2.27}$$

根据 De Giorgi-Nash-Moser 理论(类似于文献 [35] 中定理 4.1 的证明), 可以推出

$$\max_{B_1(\xi)}U_a(x)\le A\left(\int\limits_{B_2(\xi)}|U_a|^2\mathrm{d}x\right)^{\frac{1}{2}}, \tag{7.2.28}$$

其中 ξ 是 $\mathbb{R}^2$ 中的任意一点, 并且 A 是仅依赖于 $||U_a||_{L^4(B_2(\xi))}$ 的常数. 因为 z_a 是 u_a 的全局最大值点, 从而 0 是 $U_a(x)$ 的全局最大值点. 当 a 充分小时, 我们断言存在某个正常数 $\eta>0$ 满足

$$U_a(0)\ge\eta. \tag{7.2.29}$$

反之, 若 (7.2.29) 式不成立, 那么对任意的 $r>0$, 在子列的意义下有

$$当\ a\to 0\ 时,\ \sup_{y\in\mathbb{R}^2}\int_{B(y,r)}|U_a|^2\mathrm{d}x\to 0. \tag{7.2.30}$$

从而, 利用文献 [72] 中的消失引理可得

$$当\ a\to 0\ 时,\ \frac{\epsilon_a^2}{4}\int_{\mathbb{R}^2}|u_a|^4\mathrm{d}x=\frac{1}{4}\int_{\mathbb{R}^2}|U_a|^4\mathrm{d}x\to 0,$$

上式和 (7.2.12) 式是矛盾的. 因此 (7.2.29) 式成立, 并且

$$对某个正常数\ M>0,\ \liminf_{a\to 0}\int_{B_2(0)}|U_a|^2\mathrm{d}x\geq M>0. \tag{7.2.31}$$

最后, 利用 (7.2.5) 式, 可得

$$0=\liminf_{a\to 0}\int_{\mathbb{R}^2}V(\epsilon_a x+z_a)|U_a|^2\mathrm{d}x\geq\liminf_{a\to 0}\int\limits_{B_2(0)}V(\epsilon_a x+z_a)|U_a|^2\mathrm{d}x,$$

根据上式和条件 (V_1), 可知 $\{z_a\}$ 是 $\mathbb{R}^2$ 的有界序列, 从而在子列的意义下, 利用 (7.2.31) 式可知, 存在某个 $x_0\in\mathbb{R}^2$ 使得当 $a\to 0$ 时, $z_a\to x_0$ 且 $x_0\in Z$. 因此 (7.2.23) 成立. □

现在开始证明定理 7.1.1.

定理 7.1.1 的证明: 对于任意给定的 $\beta>0$, 令 u_a 是 e_a 的一个可达元, 根据 ϵ_a 的定义有

$$\int_{\mathbb{R}^2}|U_a|^2\mathrm{d}x=\int_{\mathbb{R}^2}|u_a|^2\mathrm{d}x=1, \tag{7.2.32}$$

并且

$$\int_{\mathbb{R}^2}|\nabla U_a|^2\mathrm{d}x=\epsilon_a^2\int_{\mathbb{R}^2}|\nabla u_a|^2\mathrm{d}x=1, \tag{7.2.33}$$

其中 U_a 由 (7.2.25) 式定义. (7.2.32) 式和 (7.2.33) 式说明 $\{U_a\}$ 是 $H^1(\mathbb{R}^2)$ 空间中的有界序列, 并且在子列的意义下, 存在某个 $U_0\in H^1(\mathbb{R}^2)$ 满足

$$当\ a\to 0\ 时,\ U_a\rightharpoonup U_0\geq 0\ 在\ H^1(\mathbb{R}^2)\ 中弱收敛. \tag{7.2.34}$$

因为 U_a 满足方程 (7.2.26), 利用 (7.2.11) 式, 在方程 (7.2.26) 中取弱极限, 可得 U_0 满足下面的方程

$$-\frac{1}{||Q||_2^2}\Delta U_0+\frac{1}{||Q||_2^2}U_0=U_0^3. \tag{7.2.35}$$

根据 (7.2.31) 式和方程 (7.1.7) 正解的唯一性, 可以推出 $U_0\neq 0$, 并且

$$\text{对某个 } y_0\in\mathbb{R}^2,\ U_0=\frac{Q(x-y_0)}{||Q||_2}. \tag{7.2.36}$$

(7.1.9) 式和 (7.2.36) 式说明

$$||U_0||_2=||\nabla U_0||_2=1.$$

因此, 根据 (7.2.33) 和 (7.2.34) 式可得

$$\text{当 } a\to 0 \text{ 时, } U_a\to U_0 \text{ 在 } H^1(\mathbb{R}^2) \text{ 中强收敛.} \tag{7.2.37}$$

根据 U_a 的定义, 对所有的 $a>0$, $x=0$ 是 U_a 的一个全局最大值点, 同时也是 U_0 的全局最大值点. 因为 $Q(x)$ 关于原点是径向对称的并且关于 $|x|$ 是严格递减的(见文献 [20, 57]), 所以 U_0 有唯一的全局最大值点 $x=0$, 故 $y_0=0$. 因此我们可得

$$\text{当 } a\to 0 \text{ 时, } U_a\to U_0=\frac{Q(x)}{||Q||_2} \text{ 在 } H^1(\mathbb{R}^2) \text{ 中强收敛.} \tag{7.2.38}$$

此外, 类似于文献 [26] 中定理 1.1 的证明, 可以推出 z_a 是 u_a 的唯一最大值点.

选取 $x_{j_0}\in Z_0$ 和 $\mu_{j_0}=\mu_0$. 令

$$\tau_a(x)=\overline{u}_a(x-x_{j_0}), \tag{7.2.39}$$

其中 $\overline{u}_a$ 由 (7.2.3) 式定义, 利用 (7.1.12) 式, 条件 (V_1) 和控制收敛定理, 当

$a \to 0$ 时可得

$$
\begin{aligned}
e_a - \bar{e}_a \le E_a(\tau_a) - \overline{E}_a(\tau_a) &= \frac{1}{2}\int_{\mathbb{R}^2} V(x)|\tau_a|^2 \mathrm{d}x \\
&= \frac{1}{2||Q||_2^2}\int_{\mathbb{R}^2} V(r_a^{-\frac{1}{2}}x + x_{j_0})Q^2(x)\mathrm{d}x \\
&= \frac{1}{2||Q||_2^2}\int_{\mathbb{R}^2} \frac{V(r_a^{-\frac{1}{2}}x + x_{j_0})}{|r_a^{-\frac{1}{2}}x|^q}|r_a^{-\frac{1}{2}}x|^q Q^2(x)\mathrm{d}x \\
&= \frac{r_a^{-\frac{q}{2}}}{2||Q||_2^2}\int_{\mathbb{R}^2} \frac{V(r_a^{-\frac{1}{2}}x + x_{j_0})}{|r_a^{-\frac{1}{2}}x|^q}|x|^q Q^2(x)\mathrm{d}x \\
&= \frac{r_a^{-\frac{q}{2}}\mu_0}{2||Q||_2^2}(1 + o(1)).
\end{aligned} \tag{7.2.40}
$$

此外, ϵ_a 的定义, (7.2.3) 式和 (7.2.11) 式说明当 $a \to 0$ 时,

$$
\epsilon_a^{-2} = \int_{\mathbb{R}^2} |\nabla u_a|^2 \mathrm{d}x = \frac{\beta}{b||Q||_2^2}(1 + o(1)) = r_a(1 + o(1)). \tag{7.2.41}
$$

那么利用 (7.2.40) 式和 (7.2.41) 可得

$$
\limsup_{a \to 0} \frac{e_a - \bar{e}_a}{\epsilon_a^q} \le \frac{\mu_0}{2||Q||_2^2}. \tag{7.2.42}
$$

根据引理 7.2.4, 每一个 u_a 有唯一的全局最大值点 z_a, 并且当 $a \to 0$ 时, $z_a \to x_0$, 其中 $V(x_0) = 0$. 假设对某个 $1 \le j_0 \le n$, $x_0 = x_{j_0}$, 那么

$$
\begin{aligned}
&\liminf_{a \to 0} \frac{e_a - \bar{e}_a}{\epsilon_a^q} \\
&\ge \liminf_{a \to 0} \frac{1}{2\epsilon_a^q}\int_{\mathbb{R}^2} V(x)|u_a|^2 \mathrm{d}x \\
&= \liminf_{a \to 0} \frac{1}{2\epsilon_a^q}\int_{\mathbb{R}^2} V(\epsilon_a x + z_a)|U_a|^2 \mathrm{d}x \\
&= \liminf_{a \to 0} \frac{1}{2\epsilon_a^{q - q_{j_0}}}\int_{\mathbb{R}^2} \frac{V(\epsilon_a x + z_a - x_{j_0} + x_{j_0})}{|\epsilon_a x + z_a - x_{j_0}|^{q_{j_0}}}\left|x + \frac{z_a - x_{j_0}}{\epsilon_a}\right|^{q_{j_0}} \\
&\quad \cdot |U_a|^2 \mathrm{d}x.
\end{aligned} \tag{7.2.43}
$$

我们断言

$$
q_{j_0} = q \ \text{ 且 } \left\{\frac{z_a - x_{j_0}}{\epsilon_a}\right\} \text{ 是 } \mathbb{R}^2 \text{ 中的有界序列.} \tag{7.2.44}
$$

若 (7.2.44) 式不成立, 那么对任意的 $M>0$ 充分大时, 由 (7.1.12) 式, (7.2.38) 式和 (7.2.43) 可得

$$\liminf_{a\to 0}\frac{e_a-\bar{e}_a}{\epsilon_a^q}\geq M,$$

上式和 (7.2.42) 式是矛盾的. 因此 (7.2.44) 式成立, 并且在子列的意义下, 假设存在某个 $y_0\in\mathbb{R}^2$ 满足

$$\text{当 } a\to 0 \text{ 时, } \frac{z_a-x_{j_0}}{\epsilon_a}\to y_0. \tag{7.2.45}$$

那么利用 (7.1.12) 式, (7.2.38) 式和 (7.2.43) 式推出

$$\begin{aligned}\liminf_{a\to 0}\frac{e_a-\bar{e}_a}{\epsilon_a^q}&\geq\frac{\kappa_{j_0}}{2||Q||_2^2}\int_{\mathbb{R}^2}|x+y_0|^q\,|Q|^2\mathrm{d}x\\&\geq\frac{\kappa_{j_0}}{2||Q||_2^2}\int_{\mathbb{R}^2}|x|^q\,|Q|^2\mathrm{d}x\\&=\frac{\mu_{j_0}}{2||Q||_2^2}\geq\frac{\mu_0}{2||Q||_2^2}.\end{aligned}\tag{7.2.46}$$

(7.2.42) 式和 (7.2.46) 式说明

$$\lim_{a\to 0}\frac{e_a-\bar{e}_a}{\epsilon_a^q}=\frac{\mu_0}{2||Q||_2^2},\tag{7.2.47}$$

上式说明 (7.2.46) 式中的不等式必须为等式, 因此 $y_0=0$ 且 $\mu_{j_0}=\mu_0$, 由此可以推出 (7.1.18) 和 (7.1.22) 成立. 此外, 根据 (7.2.1) 式, (7.2.2) 式和 (7.2.4) 式可以推出 (7.1.21) 式成立. □

7.3 定理 7.1.2 的证明

当 a 充分靠近 0 时, 本节将证明定理 7.1.2 中 e_a 可达元的唯一性, 令 u_a 是 e_a 的可达元, 并且

$$\bar{\epsilon}_a=\left(\frac{\beta}{b||Q||_2^2}\right)^{-\frac{1}{2}}.\tag{7.3.1}$$

由 (7.1.19) 式可知

$$\lim_{a\to 0}\frac{\epsilon_a}{\overline{\epsilon}_a}=1. \tag{7.3.2}$$

记 $\overline{U}_a(x)=\overline{\epsilon}_a u_a(\overline{\epsilon}_a x+z_a)$, 由 (7.1.17) 式和 (7.3.2) 式可得

$$\text{当 } a\to 0 \text{ 时}, \ \overline{U}_a(x)=\overline{\epsilon}_a u_a(\overline{\epsilon}_a x+z_a)\to U_0=\frac{Q(x)}{||Q||_2}, \tag{7.3.3}$$

那么有下面的引理成立.

引理 7.3.1. 对于充分小的 $a>0$, 存在 $R>0$, 当 $|x|\ge R$ 时成立

$$\overline{U}_a(x)\le e^{2\delta_0(R-|x|)} \ \text{其中} \ \delta_0=\frac{\sqrt{2}}{6}. \tag{7.3.4}$$

此外, 对于某个 $C>0$ 有

$$|\Delta\overline{U}_a(x)|\le Ce^{-\delta_0|x|}. \tag{7.3.5}$$

证明. 利用 (7.2.26) 式, (7.3.3) 式, De Giorgi-Nash-Moser 理论, 当 $a>0$ 充分小时, 对任意的 $\xi\in\mathbb{R}^2$ 有

$$\begin{aligned}\left(\max_{x\in B_1(\xi)}\overline{U}_a\right)^2 &\le \int\limits_{B_2(\xi)}|\overline{U}_a|^2\mathrm{d}x\\ &\le 2\int\limits_{B_2(\xi)}|U_0|^2\mathrm{d}x+2\int_{\mathbb{R}^2}|\overline{U}_a-U_0|^2\mathrm{d}x\\ &=2\int\limits_{B_2(\xi)}|U_0|^2\mathrm{d}x+o(1).\end{aligned} \tag{7.3.6}$$

在 (7.3.6) 式中令 $|\xi|\to+\infty$ 可得

$$\lim_{|\xi|\to+\infty}\overline{U}_a=o(1),$$

其中当 $a\to 0$ 时, $o(1)\to 0$, 那么存在某个不依赖于 a 的常数 $R>0$, 对任意的 $|x|>R$, $\overline{U}_a(x)\le\min\{1,\frac{\beta}{3||Q||_2^2}\}$. 从而当 $x\in\mathbb{R}^2\backslash B_R(0)$ 时,

$$-(a+b\epsilon_a^{-2})\Delta\overline{U}_a+\frac{\beta}{3||Q||_2^2}\overline{U}_a\le 0.$$

令

$$L_a u = -(a+b\epsilon_a^{-2})\Delta u + \frac{\beta}{3||Q||_2^2}u,\ \ u\in C^2(\mathbb{R}^2), \tag{7.3.7}$$

那么当 $|x|>R$ 时，$L_a\overline{U}_a\le 0$．定义 $v=\mathrm{e}^{-2\delta_0|x|}$，其中 $\delta_0=\frac{\sqrt{2}}{6}$，那么下式成立

$$L_a v = -\left[(a+b\epsilon_a^{-2})(4\delta_0^2-\frac{2\delta_0}{|x|})-\frac{\beta}{3||Q||_2^2}\right]\mathrm{e}^{-2\delta_0|x|}\ge 0. \tag{7.3.8}$$

令 $\omega=\overline{U}_a-\mathrm{e}^{2\delta_0 R}v$, 从而当 $|x|\ge R$ 时, $L_a\omega\le 0$, 当 $|x|=R$ 时, $\omega\le 0$, 那么对于所有的 $x\in\mathbb{R}^2\backslash B_R(0)$, 利用极值原理可得 $\omega\le 0$, 因此 (7.3.4) 式成立, 并且根据 (7.2.26) 式可以推出 (7.3.5) 式成立. □

接下来, 当 a 充分靠近 0 时, 我们开始证明定理 7.1.2 中 e_a 可达元的唯一性. 下面采用反证法证明, 对于任意给定的 $\beta>0$, 假设 $u_{a,1}$ 和 $u_{a,2}$ 是 e_a 的两个不同的可达元, 它们的唯一全局最大值点分别记为 $z_{a,1}$ 和 $z_{a,2}$, 根据定理 7.1.1 和定理 7.1.2 中的假设条件可知, 对于 $i=1,2$, 当 $a\to 0$ 时, $\frac{z_{a,i}-x_1}{\overline{\epsilon}_a}\to 0$. 令

$$\epsilon_{a,i}^{-2}=\int_{\mathbb{R}^2}|\nabla u_{a,i}|^2\mathrm{d}x. \tag{7.3.9}$$

记

$$\overline{\omega}_a(x)=\overline{u}_{a,1}(x)-\overline{u}_{a,2}(x),\ \ 其中\ \overline{u}_{a,i}(x)=u_{a,i}(\overline{\epsilon}_a x+z_{a,2}).$$

利用 (7.3.3) 式可得

$$当\ a\to 0\ 时,\ \overline{U}_{a,i}=\overline{\epsilon}_a\overline{u}_{a,i}(x)\to U_0=\frac{Q(x)}{||Q||_2}. \tag{7.3.10}$$

根据 (7.2.19) 式, 对于适当的 Lagrange 乘子 $\lambda_{a,i}<0$, $\overline{u}_{a,i}$ 满足下面的 Euler-Lagrange 方程

$$\begin{aligned}&-(a+b\epsilon_{a,i}^{-2})\Delta\overline{u}_{a,i}+\overline{\epsilon}_a^2V(\overline{\epsilon}_a x+z_{a,2})\overline{u}_{a,i}\\&=\overline{\epsilon}_a^2\lambda_{a,i}\overline{u}_{a,i}+\beta\overline{\epsilon}_a^2\overline{u}_{a,i}^3,\ \ x\in\mathbb{R}^2,\ i=1,2.\end{aligned} \tag{7.3.11}$$

对于所有充分小的 a, 若 $\overline{\omega}_a$ 不恒为零, 令 $\omega_a = \frac{\overline{\omega}_a}{||\overline{\omega}_a||_\infty}$, 那么 $||\omega_a||_\infty = 1$ 且 ω_a 满足

$$
\begin{aligned}
&-(a+b\epsilon_{a,1}^{-2})\Delta\omega_a - b\int_{\mathbb{R}^2}\nabla(\overline{u}_{a,1}+\overline{u}_{a,2})\nabla\omega_a \mathrm{d}x\Delta\overline{u}_{a,2} + \overline{\epsilon}_a^2 V(\overline{\epsilon}_a x + z_{a,2})\omega_a \\
&= \overline{\epsilon}_a^2\lambda_{a,1}\omega_a + \frac{\overline{\epsilon}_a^2(\lambda_{a,1}-\lambda_{a,2})\overline{u}_{a,2}}{||\overline{u}_{a,1}-\overline{u}_{a,2}||_\infty} + \frac{\beta\overline{\epsilon}_a^2(\overline{u}_{a,1}^3-\overline{u}_{a,2}^3)}{||\overline{u}_{a,1}-\overline{u}_{a,2}||_\infty}.
\end{aligned}
\tag{7.3.12}
$$

由 (7.2.19) 式和 (7.2.20) 式可知

$$
\lambda_{a,i} = 2e_a + \frac{b}{2}\left(\int_{\mathbb{R}^2}|\nabla u_{a,i}|^2\mathrm{d}x\right)^2 - \frac{\beta}{2}\int_{\mathbb{R}^2}|u_{a,i}|^4\mathrm{d}x. \tag{7.3.13}
$$

那么对所有的 $|x| > R$,

$$
\begin{aligned}
&\frac{\overline{\epsilon}_a^2(\lambda_{a,1}-\lambda_{a,2})\overline{u}_{a,2}}{||\overline{u}_{a,1}-\overline{u}_{a,2}||_\infty} \\
=&\frac{1}{2}b\overline{\epsilon}_a^2\overline{u}_{a,2}\int_{\mathbb{R}^2}(|\nabla\overline{u}_{a,1}|^2+|\nabla\overline{u}_{a,2}|^2)\mathrm{d}x\int_{\mathbb{R}^2}\nabla(\overline{u}_{a,1}+\overline{u}_{a,2})\nabla\omega_a\mathrm{d}x \\
&-\frac{\beta}{2}\overline{u}_{a,2}\overline{\epsilon}_a^4\int_{\mathbb{R}^2}(\overline{u}_{a,1}^2+\overline{u}_{a,2}^2)(\overline{u}_{a,1}+\overline{u}_{a,2})\omega_a\mathrm{d}x \le Ce^{-\delta_0|x|},
\end{aligned}
\tag{7.3.14}
$$

其中 δ_0 由引理 7.3.1 定义. 和 (7.3.14) 式相类似, 当 $|x| > R$ 时,

$$
\frac{\beta\overline{\epsilon}_a^2(\overline{u}_{a,1}^3-\overline{u}_{a,2}^3)}{||\overline{u}_{a,1}-\overline{u}_{a,2}||_\infty} = 3\beta\overline{\epsilon}_a^2(\theta\overline{u}_{a,1}+(1-\theta)\overline{u}_{a,2})^2\omega_a \le e^{-\delta_0|x|}\omega_a, \tag{7.3.15}
$$

以及

$$
b\int_{\mathbb{R}^2}\nabla(\overline{u}_{a,1}+\overline{u}_{a,2})\nabla\omega_a\mathrm{d}x\Delta\overline{u}_{a,2} \le Ce^{-\delta_0|x|},\ |x| > R. \tag{7.3.16}
$$

因此当 $a > 0$ 充分靠近 0 时, $\omega_a \in L^\infty(\mathbb{R}^2)$ 满足

$$
-(a+b\epsilon_a^{-2})\Delta\omega_a + \frac{\beta}{||Q||_2^2}\omega_a \le Ce^{-\delta_0|x|},\ |x| > R. \tag{7.3.17}
$$

考虑下面的算子 L

$$
L = -\frac{\beta}{||Q||_2^2}\Delta + \frac{\beta}{||Q||_2^2} - 3\beta U_0^2. \tag{7.3.18}
$$

那么由文献 [61] 可知, 唯一径向对称正解 U_0 是非退化的且满足下面方程

$$-\frac{\beta}{||Q||_2^2}\Delta U+\frac{\beta}{||Q||_2^2}U-\beta U^3=0, \tag{7.3.19}$$

从而可得

$$\ker L=\text{span}\{\partial_{x_1}U_0,\partial_{x_2}U_0\}. \tag{7.3.20}$$

利用 (7.3.17) 式, De Giorgi-Nash-Morse 理论和极值原理, 当 $|x|>R$ 时, $|\omega_a|\le Ce^{-\delta_0|x|}$. 故存在函数 $\omega_0\in C^{1,\alpha}(\mathbb{R}^2)$, 当 $a\to 0$ 时, $\omega_a\to\omega_0$ 在 $\mathbb{R}^2$ 中一致收敛, 其中 ω_0 满足

$$\begin{aligned}L\omega_0&=-\frac{\beta}{||Q||_2^2}\Delta\omega_0+(\frac{\beta}{||Q||_2^2}-3\beta U_0^2)\omega_0\\&=\frac{2\beta}{||Q||_2^2}\int_{\mathbb{R}^2}\nabla U_0\nabla\omega_0\mathrm{d}x\Delta U_0+\frac{2\beta}{||Q||_2^2}\int_{\mathbb{R}^2}\nabla U_0\nabla\omega_0\mathrm{d}xU_0\\&\quad-2\beta U_0\int_{\mathbb{R}^2}U_0^3\omega_0\mathrm{d}x.\end{aligned} \tag{7.3.21}$$

因为

$$L^2_{rad}(\mathbb{R}^2)\cap kerL=\varnothing, \tag{7.3.22}$$

从而算子 L 在 $L^2_{rad}(\mathbb{R}^2)$ 中是可逆的, 通过简单的计算可得

$$L(U_0+x\cdot\nabla U_0)=-\frac{2\beta}{||Q||_2^2}U_0 \tag{7.3.23}$$

且

$$L(x\cdot\nabla U_0)=-\frac{2\beta}{||Q||_2^2}\Delta U_0. \tag{7.3.24}$$

令 $\gamma=\int_{\mathbb{R}^2}\nabla U_0\nabla\omega_0\mathrm{d}x$, 利用 (7.3.21) 式, (7.3.23) 式和 (7.3.24) 式可以推出

$$\begin{aligned}&L(\omega_0+\gamma(U_0+x\cdot\nabla U_0)+\gamma(x\cdot\nabla U_0)\\&+||Q||_2^2\int_{\mathbb{R}^2}U_0^3\omega_0\mathrm{d}x(U_0+x\cdot\nabla U_0))=0,\end{aligned} \tag{7.3.25}$$

(7.3.20) 式和 (7.3.25) 式说明

$$\omega_0+\gamma(U_0+x\cdot\nabla U_0)+\gamma(x\cdot\nabla U_0)+||Q||_2^2\int_{\mathbb{R}^2}U_0^3\omega_0\mathrm{d}x(U_0+x\cdot\nabla U_0) \quad (7.3.26)$$

必定是 $\partial_{x_j}U_0$ 的线性组合, 因此存在 $k_j\in\mathbb{R}\ (j=1,2)$ 满足

$$\begin{aligned}\omega_0=&-\gamma(U_0+x\cdot\nabla U_0)-\gamma(x\cdot\nabla U_0)\\&-||Q||_2^2\int_{\mathbb{R}^2}U_0^3\omega_0\mathrm{d}x(U_0+x\cdot\nabla U_0)+k_1\partial_{x_1}U_0+k_2\partial_{x_2}U_0.\end{aligned} \quad (7.3.27)$$

接下来的目标是证明结论 $\omega_0=0$. 在给出证明之前 , 需要介绍下面的关键引理.

引理 7.3.2. 对于 $j=1,2$ 有

$$\int_{\mathbb{R}^2}\partial_j(|x|^q)U_0\omega_0\mathrm{d}x=0, \quad (7.3.28)$$

$$\int_{\mathbb{R}^2}U_0^3\omega_0\mathrm{d}x=0, \quad (7.3.29)$$

并且

$$\int_{\mathbb{R}^2}U_0\omega_0\mathrm{d}x=0. \quad (7.3.30)$$

证明. 对于 $\rho>0$, 在(7.3.11) 式两边同时乘以 $2\partial_j\overline{u}_{a,i}$ 并在 $B_{\rho/\overline{\epsilon}_a}(0)$ 上积分, 我们可以得到

$$\begin{aligned}&-(a+b\epsilon_{a,i}^{-2})\int\limits_{|x|\le\rho/\overline{\epsilon}_a}2\Delta\overline{u}_{a,i}\partial_j\overline{u}_{a,i}\mathrm{d}x\\&+\int\limits_{|x|\le\rho/\overline{\epsilon}_a}\overline{\epsilon}_a^2V(\overline{\epsilon}_a x+z_{a,2})\partial_j{\overline{u}_{a,i}}^2\mathrm{d}x\\&=\overline{\epsilon}_a^2\lambda_{a,i}\int\limits_{|x|=\rho/\overline{\epsilon}_a}{\overline{u}_{a,i}}^2\nu_j\mathrm{d}S+\frac{\beta\overline{\epsilon}_a^2}{2}\int\limits_{|x|=\rho/\overline{\epsilon}_a}{\overline{u}_{a,i}}^4\nu_j\mathrm{d}S,\end{aligned} \quad (7.3.31)$$

其中 $\nu=(\nu_1,\nu_2)=x/|x|$. 利用格林公式有

$$\begin{aligned}&\frac{1}{||\overline{\omega}_a||_\infty}\int\limits_{|x|\le\rho/\epsilon_a}(2\partial_j\overline{u}_{a,1}\nabla\overline{u}_{a,2}-2\partial_j\overline{u}_{a,2}\nabla\overline{u}_{a,2})\mathrm{d}x\\&=\int\limits_{|x|=\rho/\epsilon_a}\Big(2\frac{\partial\overline{u}_{a,1}}{\partial x_j}\frac{\partial\omega_a}{\partial\nu}+2\frac{\partial\omega_a}{\partial x_j}\frac{\overline{u}_{a,2}}{\partial\nu}-(\nabla\overline{u}_{a,1}-\nabla\overline{u}_{a,2})\omega_a\nu_j\Big)\mathrm{d}S.\end{aligned}\tag{7.3.32}$$

仿照文献 [8] 中的讨论, 在 (7.3.17) 式两边同时乘以 $\eta_a^2\omega_a$ 并在 $\mathbb{R}^2\backslash B_R(0)$ 上积分, 其中 $\eta_a\in C_0^\infty(\mathbb{R}^2,[0,1])$ 是一个截断函数且当 $2\rho/\overline{\epsilon}_a\le|x|\le3\rho/\overline{\epsilon}_a$ 时, $\eta_a(x)=1$; 当 $|x|<\rho/\overline{\epsilon}_a$ 或者 $|x|>4\rho/\overline{\epsilon}_a$ 时, $\eta_a=0$, 并且 $|\nabla\eta_a|\le\rho/\overline{\epsilon}_a$. 那么我们可以推出

$$\begin{aligned}&\frac{1}{||Q||_2^2}\int_{\mathbb{R}^2}\eta_a^2|\nabla\omega_a|^2\mathrm{d}x\\&\le C\int_{\mathbb{R}^2}(|\eta_a\nabla\eta_a\omega_a\nabla\omega_a|+\eta_a^2|\omega_a|^2+\mathrm{e}^{-\delta_0|x|}\eta_a^2|\omega_a|)\mathrm{d}x\\&\le\frac{1}{2||Q||_2^2}\int_{\mathbb{R}^2}\eta_a^2|\nabla\omega_a|^2\mathrm{d}x+C_\rho\int\limits_{\rho/\overline{\epsilon}_a<|x|<4\rho/\overline{\epsilon}_a}(|\omega_a|^2\\&\quad+\mathrm{e}^{-\delta_0|x|}|\omega_a|)\mathrm{d}x,\end{aligned}\tag{7.3.33}$$

其中 C_ρ 仅依赖于 ρ 的值. 上式说明

$$\int_{2\rho/\overline{\epsilon}_a}^{3\rho/\overline{\epsilon}_a}\int\limits_{\partial B_r}|\nabla\omega_a|^2\mathrm{d}S\mathrm{d}r\le\int_{\mathbb{R}^2}\eta_a^2|\nabla\omega_a|^2\mathrm{d}x\le C_\rho\mathrm{e}^{-\delta_0\rho/\overline{\epsilon}_a},\tag{7.3.34}$$

利用中值定理, 存在 $\rho>0$ 满足

$$\text{当 } a\to0 \text{ 时},\quad\int\limits_{|x|=\rho/\overline{\epsilon}_a}|\nabla\omega_a|^2\mathrm{d}S=O(\mathrm{e}^{-\delta_0\rho/\overline{\epsilon}_a}).\tag{7.3.35}$$

类似地, 在 (7.3.11) 式两边同时乘以 $\eta_a^2u_{a,i}$ 并在 $\mathbb{R}^2$ 上积分, 可以推出存在某个 $\rho>0$,

$$\text{当 } a\to0 \text{ 时},\quad\int\limits_{|x|=\rho/\overline{\epsilon}_a}|\nabla u_{a,i}|^2\mathrm{d}S=O(\mathrm{e}^{-\delta_0\rho/\epsilon_a}),\ \ i=1,2.\tag{7.3.36}$$

因此, 当 $a \to 0$ 时,

$$\int_{|x|=\rho/\overline{\epsilon}_a} (|\nabla\overline{u}_{a,i}||\nabla\omega_a| + |\nabla\overline{u}_{a,i}||\omega_a|)\mathrm{d}S = O(\mathrm{e}^{-\delta_0\rho/\overline{\epsilon}_a}). \tag{7.3.37}$$

由分部积分可得

$$\begin{aligned}
&\int_{|x|\le\rho/\overline{\epsilon}_a} \overline{\epsilon}_a^2\partial_j V(\overline{\epsilon}_a x + z_{a,2})(\overline{u}_{a,1}+\overline{u}_{a,2})\omega_a\mathrm{d}x \\
=&\int_{|x|=\rho/\overline{\epsilon}_a} \overline{\epsilon}_a^2 V(\overline{\epsilon}_a x + z_{a,2})(\overline{u}_{a,1}+\overline{u}_{a,2})\omega_a\mathrm{d}x \\
&-\frac{1}{||\overline{\omega}_a||_\infty}\int_{|x|\le\rho/\overline{\epsilon}_a} \epsilon_a^2 V(\overline{\epsilon}_a x + z_{a,2})\partial_j(|\overline{u}_{a,1}|^2 - |\overline{u}_{a,2}|^2)\mathrm{d}x.
\end{aligned} \tag{7.3.38}$$

对某个 $\theta \in (0,1)$, (7.3.31) 式和 (7.3.32) 式说明

$$\begin{aligned}
&\frac{1}{||\overline{\omega}_a||_\infty}\int_{|x|\le\rho/\overline{\epsilon}_a} \overline{\epsilon}_a^2 V(\overline{\epsilon}_a x + z_{a,2})\partial_j(|\overline{u}_{a,1}|^2 - |\overline{u}_{a,2}|^2)\mathrm{d}x \\
=&\frac{\overline{\epsilon}_a^2(\lambda_{a,1}-\lambda_{a,2})}{||\overline{u}_{a,1}-\overline{u}_{a,2}||_\infty}\int_{|x|=\rho/\overline{\epsilon}_a} |\overline{u}_{a,1}|^2\nu_j\mathrm{d}S \\
&+\overline{\epsilon}_a^2\lambda_{a,2}\int_{|x|=\rho/\overline{\epsilon}_a} (\overline{u}_{a,1}+\overline{u}_{a,2})\omega_a\nu_j\mathrm{d}S \\
&+(a+b\epsilon_{a,1}^{-2})\int_{|x|=\rho/\overline{\epsilon}_a} 2\Delta\overline{u}_{a,1}\frac{\partial\overline{u}_{a,1}}{\partial x_j}\mathrm{d}x \\
&-(a+b\epsilon_{a,2}^{-2})\int_{|x|=\rho/\overline{\epsilon}_a} 2\Delta\overline{u}_{a,2}\frac{\partial\overline{u}_{a,2}}{\partial x_j}\mathrm{d}x \\
&+\frac{\beta\overline{\epsilon}_a^2}{2}\int_{|x|=\rho/\overline{\epsilon}_a} (\theta\overline{u}_{a,1}+(1-\theta)\overline{u}_{a,2})^3\omega_a\nu_j\mathrm{d}S.
\end{aligned} \tag{7.3.39}$$

对于 $i = 1,2$, 因为 $(a+b\epsilon_{a,i}^{-2})$ 是有界的, 利用格林公式, 对某个常数

$M>0$ 有

$$\begin{aligned}&\Big|(a+b\epsilon_{a,1}^{-2})\int\limits_{|x|=\rho/\overline{\epsilon}_a}2\Delta\overline{u}_{a,1}\frac{\partial\overline{u}_{a,1}}{\partial x_j}\mathrm{d}x-(a+b\epsilon_{a,2}^{-2})\\&\cdot\int\limits_{|x|=\rho/\overline{\epsilon}_a}2\Delta\overline{u}_{a,2}\frac{\partial\overline{u}_{a,2}}{\partial x_j}\mathrm{d}x\Big|\\&\leq M\Big|\int\limits_{|x|=\rho/\overline{\epsilon}_a}\Big(2\frac{\partial\overline{u}_{a,1}}{\partial x_j}\frac{\partial\omega_a}{\partial\nu}+2\frac{\partial\omega_a}{\partial x_j}\frac{\partial\overline{u}_{a,2}}{\partial\nu}\\&-(\nabla\overline{u}_{a,1}+\nabla\overline{u}_{a,2})\omega_a\nu_j\Big)\mathrm{d}S\Big|.\end{aligned}\tag{7.3.40}$$

利用 $\epsilon_a\overline{u}_{a,i}$ 的指数衰退性质, 当 $a\to 0$ 时,

$$\int\limits_{|x|\leq\rho/\overline{\epsilon}_a}\overline{\epsilon}_a^2\partial_j(V(\overline{\epsilon}_a x+z_{a,2}))(\overline{u}_{a,1}+\overline{u}_{a,2})\omega_a\mathrm{d}x=o(e^{-\frac{1}{2}\delta_0\rho/\overline{\epsilon}_a}),\tag{7.3.41}$$

$$\begin{aligned}&\int\limits_{|x|\leq\rho/\overline{\epsilon}_a}\overline{\epsilon}_a^2\partial_j[V(\overline{\epsilon}_a x+z_{a,2})](\overline{u}_{a,1}+\overline{u}_{a,2})\omega_a\mathrm{d}x\\=&\int\limits_{|x|\leq\rho/\overline{\epsilon}_a}\overline{\epsilon}_a^{q+2}\partial_j(|x+y_a|^q)D(\overline{\epsilon}_a(x+y_a))(\overline{u}_{a,1}+\overline{u}_{a,2})\omega_a\mathrm{d}x\\&+\int\limits_{|x|\leq\rho/\overline{\epsilon}_a}\overline{\epsilon}_a^{q+3}|x+y_a|^q\partial_jD(\overline{\epsilon}_a(x+y_a))(\overline{u}_{a,1}+\overline{u}_{a,2})\omega_a\mathrm{d}x,\end{aligned}\tag{7.3.42}$$

其中

$$\text{当 } a\to 0 \text{ 时},\ y_a=\frac{z_{a,2}-x_1}{\overline{\epsilon}_a}\to 0,\tag{7.3.43}$$

$$D(x)=h(x+x_1)\prod_{i\neq 1}|x+x_1-x_j|^{q_i}.\tag{7.3.44}$$

在 (7.3.42) 式中令 $a\to 0$, 则由 (7.3.41) 式, (7.3.43) 式和 (7.3.44) 式可得

$$\int_{\mathbb{R}^2}\partial_j(|x|^q)U_0\omega_0\mathrm{d}x=0,\quad j=1,2.\tag{7.3.45}$$

因此 (7.3.28) 式成立.

在方程 (7.3.11) 两边同时乘以 $2x\cdot\nabla\overline{u}_{a,i}\overline{\epsilon}_a^2$ 并在 $\mathbb{R}^2$ 上积分可得

$$
\begin{aligned}
0=&-\int_{\mathbb{R}^2}2\overline{\epsilon}_a^2V(\overline{\epsilon}_ax+z_{a,2})|\overline{U}_{a,i}|^2\mathrm{d}x\\
&-\int_{\mathbb{R}^2}\overline{\epsilon}_a^3x\cdot\nabla V(\overline{\epsilon}_ax+z_{a,2})|\overline{U}_{a,i}|^2\mathrm{d}x+2\overline{\epsilon}_a^2\lambda_{a,i}\int_{\mathbb{R}^2}|\overline{U}_{a,i}|^2\mathrm{d}x\\
&+\beta\int_{\mathbb{R}^2}|\overline{U}_{a,i}|^4\mathrm{d}x,
\end{aligned}\tag{7.3.46}
$$

上式说明

$$
\begin{aligned}
&\beta\int_{\mathbb{R}^2}|\overline{U}_{a,i}|^4\mathrm{d}x-\int_{\mathbb{R}^2}\overline{\epsilon}_a^3x\cdot\nabla V(\overline{\epsilon}_ax+z_{a,2})|\overline{U}_{a,i}|^2\mathrm{d}x\\
=&\int_{\mathbb{R}^2}2\overline{\epsilon}_a^2V(\overline{\epsilon}_ax+z_{a,2})|\overline{U}_{a,i}|^2\mathrm{d}x-2\overline{\epsilon}_a^2\lambda_{a,i}\int_{\mathbb{R}^2}|\overline{U}_{a,i}|^2\mathrm{d}x.
\end{aligned}\tag{7.3.47}
$$

因为

$$
\begin{aligned}
2\overline{\epsilon}_a^2\lambda_{a,i}=&\,2a\overline{\epsilon}_a^2\epsilon_{a,i}^{-2}+2b\overline{\epsilon}_a^2\epsilon_{a,i}^{-4}-2\beta\int_{\mathbb{R}^2}|\overline{U}_{a,i}|^4\mathrm{d}x\\
&+\int_{\mathbb{R}^2}2\overline{\epsilon}_a^2V(\epsilon_ax+z_{a,2})|\overline{U}_{a,i}|^2\mathrm{d}x,
\end{aligned}\tag{7.3.48}
$$

那么

$$
\begin{aligned}
&\beta\int_{\mathbb{R}^2}|\overline{U}_{a,i}|^4\mathrm{d}x-\int_{\mathbb{R}^2}\overline{\epsilon}_a^3x\cdot\nabla V(\overline{\epsilon}_ax+z_{a,2})|\overline{U}_{a,i}|^2\mathrm{d}x\\
=&-2a\overline{\epsilon}_a^2\epsilon_{a,i}^{-2}-2b\overline{\epsilon}_a^2\epsilon_{a,i}^{-4}+2\beta\int_{\mathbb{R}^2}|\overline{U}_{a,i}|^4\mathrm{d}x,
\end{aligned}\tag{7.3.49}
$$

(7.3.49) 式说明

$$
\begin{aligned}
\beta\int_{\mathbb{R}^2}|\overline{U}_{a,i}|^4\mathrm{d}x=&-\int_{\mathbb{R}^2}\overline{\epsilon}_a^3x\cdot\nabla V(\overline{\epsilon}_ax+z_{a,2})|\overline{U}_{a,i}|^2\mathrm{d}x\\
&+2a\overline{\epsilon}_a^2\epsilon_{a,i}^{-2}+2b\overline{\epsilon}_a^2\epsilon_{a,i}^{-4}.
\end{aligned}\tag{7.3.50}
$$

因为

$$
\frac{\overline{U}_{a,1}-\overline{U}_{a,2}}{||\overline{U}_{a,1}-\overline{U}_{a,2}||_\infty}=\frac{\overline{u}_{a,1}-\overline{u}_{a,2}}{||\overline{u}_{a,1}-\overline{u}_{a,2}||_\infty}=\omega_a,\tag{7.3.51}
$$

利用 (7.3.50) 式可得

$$\begin{aligned}&4\beta\int_{\mathbb{R}^2}(\theta\overline{U}_{a,1}+(1-\theta)\overline{U}_{a,2})^3\omega_a\mathrm{d}x\\&=-\int_{\mathbb{R}^2}\overline{\epsilon}_a^3x\cdot\nabla V(\overline{\epsilon}_ax+z_{a,2})(\overline{U}_{a,1}-\overline{U}_{a,2})\omega_a\mathrm{d}x\\&\quad+2a\overline{\epsilon}_a^2(\epsilon_{a,1}^{-2}-\epsilon_{a,2}^{-2})+2b\overline{\epsilon}_a^2(\epsilon_{a,1}^{-4}-\epsilon_{a,2}^{-4}).\end{aligned}\tag{7.3.52}$$

在 (7.3.52) 式中令 $a\to0$, 则由 (7.3.2) 式可知

$$\int_{\mathbb{R}^2}U_0^3\omega_0\mathrm{d}x=0,$$

因此 (7.3.29) 式成立.

因为

$$\begin{aligned}&\int_{\mathbb{R}^2}\omega_a\overline{U}_{a,1}\mathrm{d}x+\int_{\mathbb{R}^2}\omega_a\overline{U}_{a,2}\mathrm{d}x\\&=\int_{\mathbb{R}^2}\frac{\overline{u}_{a,1}-\overline{u}_{a,2}}{||\overline{u}_{a,1}-\overline{u}_{a,2}||_\infty}(\overline{\epsilon}_a\overline{u}_{a,1}+\overline{\epsilon}_a\overline{u}_{a,2})\mathrm{d}x\\&=\int_{\mathbb{R}^2}\frac{(\overline{\epsilon}_a\overline{u}_{a,1})^2-(\overline{\epsilon}_a\overline{u}_{a,2})^2}{\overline{\epsilon}_a||\overline{u}_{a,1}-\overline{u}_{a,2}||_\infty}\mathrm{d}x,\end{aligned}\tag{7.3.53}$$

并且

$$||\overline{U}_{a,i}||_2=||\overline{\epsilon}_a\overline{u}_{a,i}||_2=1,\ \ i=1,2,$$

对于所有的 $a>0$ 可得

$$\int_{\mathbb{R}^2}\omega_a\overline{U}_{a,1}\mathrm{d}x+\int_{\mathbb{R}^2}\omega_a\overline{U}_{a,2}\mathrm{d}x=0.\tag{7.3.54}$$

在 (7.3.54) 式中令 $a\to0$, 则有

$$\int_{\mathbb{R}^2}U_0\omega_0\mathrm{d}x=0,$$

因此 (7.3.30) 式成立. □

下面开始证明定理 7.1.2.

定理 7.1.2 的证明: 对任意给定的 $\beta > 0$, 假设 $u_{a,1}$ 和 $u_{a,2}$ 是 e_a 的两个不同的可达元, 它们的唯一最大值点分别记为 $z_{a,1}$ 和 $z_{a,2}$, 令

$$\omega_a = \frac{\overline{u}_{a,1} - \overline{u}_{a,2}}{||\overline{u}_{a,1} - \overline{u}_{a,2}||_\infty},$$

则存在 ω_0, 使得 $\omega_a \to \omega_0$ 在 $\mathbb{R}^2$ 中一致收敛, 并且

$$||\omega_0||_\infty = 1. \tag{7.3.55}$$

由 (7.3.27) 式和 (7.3.29) 式可知

$$\omega_0 = -\gamma(U_0 + x \cdot \nabla U_0) - \gamma(x \cdot \nabla U_0) + k_1 \partial_{x_1} U_0 + k_2 \partial_{x_2} U_0. \tag{7.3.56}$$

因为 U_0 和 $\partial_i U_0$ 关于 x_i $(i = 1, 2)$ 分别是偶函数和奇函数, 所以 (7.3.30) 式和 (7.3.56) 式说明

$$\begin{aligned} 0 = \int_{\mathbb{R}^2} U_0 \omega_0 \mathrm{d}x = -\gamma \int_{\mathbb{R}^2} \left(U_0^2 + 2(U_0 x \cdot \nabla U_0)\right) \mathrm{d}x = \gamma \int_{\mathbb{R}^2} U_0^2 \mathrm{d}x \\ = \gamma, \end{aligned} \tag{7.3.57}$$

从而 $\gamma = 0$. 利用 (7.3.28) 式, (7.3.56) 式和 (7.3.57) 式可以推出 $\mathbf{\Lambda} = (k_1, k_2) \in \mathbb{R}^2$ 满足下面的线性系统

$$\begin{aligned} 0 &= \sum_{l=1}^{2} k_l \int_{\mathbb{R}^2} \partial_j(|x|^q) \partial_{x_l}(|U_0|^2) \mathrm{d}x \\ &= -\sum_{l=1}^{2} \frac{k_l}{||Q||_2^2} \int_{\mathbb{R}^2} \partial_{jl}(|x|^q) |Q|^2 \mathrm{d}x,\ j = 1, 2, \end{aligned} \tag{7.3.58}$$

(7.3.58) 式等价于 $\boldsymbol{H}\mathbf{\Lambda} = \mathbf{0}$, 其中

$$\boldsymbol{H} = (H_{jl})_{(2\times 2)} = \left(||Q||_2^{-2} \int_{\mathbb{R}^2} \partial_{jl}(|x|^q) Q^2 \mathrm{d}x \right)_{jl}.$$

由条件 (V_2) 和 (7.3.58) 式可得

$$\mathbf{\Lambda} = \mathbf{0} \text{ 以及 } w_0 = 0,$$

因为 $||\omega_0||_\infty = 1$, 上式显然是不成立的, 从而我们的假设不成立, 因此当 $a > 0$ 充分小时, e_a 的可达元是唯一的, 这样就完成了定理 7.1.2 的证明. □

参考文献

[1] AMBROSETTI A, RABINOWITZ P H, 1973. Dual variational methods in critical point theory and applications[J]. Journal of functional analysis, (14): 349-381.

[2] AROSIO A, PANIZZI S, 1996. On the well-posedness of the Kirchhoff string[J]. Transactions of the american mathematical society, (348): 305-330.

[3] AZZOLLINI A, 2012. The elliptic Kirchhoff equation in $\mathbb{R}^N$ perturbed by a local nonlinearity[J]. Differential and integral equations, (25): 543-554.

[4] BAO W Z, CAI Y Y, 2013. Mathematical theory and numerical methods for Bose-Einstein condensation[J]. Kinetic and related models, (6): 1-135.

[5] BARTSCH T, WANG Z Q, 1995. Existence and multiplicity results for some superlinear elliptic problems on $\mathbb{R}^N$[J]. Communications in partial differential equations, (20): 1725-1741.

[6] BERNSTEIN S, 1940. Sur une classe d'équations fonctionnelles aux dérivées partielles[J]. Bull. acad. sci. urss. sér. math. [lzvestia akad. nauk sssr], (4): 17-26.

[7] BERESTYCKI H, LIONS P L, 1983. Nonlinear scalar field equations. I. Existence of a ground state[J]. Archive for rational mechanics and analysis, (82): 313-346.

[8] CAO D M, LI S L, LUO P, 2015. Uniqueness of positive bound states with multi-bump for nonlinear Schrödinger equations[J]. Calculus of variations and

partial differential equations, (4): 4037-4063.

[9] CARRIER G F, 1949. On the non-linear vibration string[J]. Quarterly of applied mathematics, (7): 97-101.

[10] CAVALCANTI M M, CAVALCANTI V D, SORIANO J A, 2001. Global existence and uniform decay rates for the Kirchhoff-Carrier equation with nonlinear dissipation[J]. Advances in differential equations, (6): 701-730.

[11] CAZENAVE T, 2003. Semilinear Schrödinger Equations[M]. New York: American Mathematical Society, Providence, RI.

[12] CHEN S W, LIU S B, 2015. Standing waves for 4-superlinear Schrödinger-Kirchhoff equations[J]. Mathematical methods in the applied sciences, (38): 2185-2193.

[13] CHENG B T, WU X, 2009. Existence results of positive solutions of Kirchhoff problems[J]. Nonlinear analysis. theory, methods applications, (71): 4883-4892.

[14] COFFMAN C V, 1969. A minimum-maximum principle for a class of non-linear integral equations[J]. Journal d'Analyse mathématique, (22): 391-419.

[15] DALFOVO F, GIORGINI S, PITAEVSKII L P, et al., 1999. Theory of Bose-Einstein condensation in trapped gases[J]. Reviews of modern physics, (71): 463-512.

[16] D'ANCONA P, SPAGNOLO S, 1992. Global solvability for the degenerate Kirchhoff equation with real analytic data[J]. Inventiones mathematicae, (108): 247-262.

[17] D'ANCONA P, SPAGNOLO S, 1994. Nonlinear perturbations of the Kirchhoff equation[J]. Communications on pure and applied mathematics, (47): 1005-1029.

[18] DENG Y B, PENG S J, SHUAI W, 2015. Existence and asymptotic behavior of nodal solutions for the Kirchhoff-type problems in $\mathbb{R}^3$[J]. Journal of functional analysis, (269): 3500-3527.

[19] FETTER A L, 2009. Rotating trapped Bose-Einstein condensates[J]. Reviews of modern physics, (81): 647-691.

[20] GIDAS B, NI W M, NIRENBERG L, 1981. Symmetry of positive solutions of nonlinear elliptic equations in $\mathbb{R}^n$[J]. Advances in mathematics, supplementary studies, 7a :369-402.

[21] GILBARG D, TRUDINGER N S, 1983. Elliptic partial differential equations of second order[M]. 2nd ed. Berlin: Springer-Verlag.

[22] GROSS E P, 1961. Structre of a quantized vortex in boson systems[J]. Il nuovo cimento, (20): 454-466.

[23] GROSS E P, 1963. Hydrodynamics of a superfluid condensate[J]. Journal of mathematical physics, (4): 195-201.

[24] GU L J, ZENG X Y, ZHOU H S, 2017. Eigenvalue problem for a p-Laplacian equation with trapping potentials[J]. Nonlinear analysis. theory, methods applications, (148): 212-227.

[25] GUO H L, ZHANG Y M, ZHOU H S, 2018. Blow-up solutions for a Kirchhoff type elliptic equation with trapping potential[J]. Communications on pure and applied analysis, (5): 1875-1897.

[26] GUO H L, ZHOU H S, 2021. Properties of the minimizers for a constrained minimization problem arising in Kirchhoff equation[J]. Discrete and continuous dynamical systems, (41): 1023-1050.

[27] GUO H L, ZHOU H S, 2019. A constrained variational problem arising in attractive Bose-Einstein condensate with ellipse-shaped potential[J]. Applied mathematics letters, (87): 35-41.

[28] GUO Y J, LIN C S, WEI J C, 2017. Local uniqueness and refined spike profiles of ground states for two-dimensional attractive Bose-Einstein condensates[J]. Siam journal on mathematical analysis, (49): 3671-3715.

[29] GUO Y J, SEIRINGER R, 2014. On the mass concentration for Bose-Einstein condensates with attractive interactions[J]. Letters in mathematical physics, (104): 141-156.

[30] GUO Y J, ZENG X Y, ZHOU H S, 2014. Concentration behavior of standing waves for almost mass critical nonlinear Schrödinger equations[J]. Journal of differential equations, (256): 2079-2100.

[31] GUO Y J, ZENG X Y, ZHOU H S, 2016. Energy estimates and symmetry breaking in attractive Bose-Einstein condensates with ring-shaped potentials[J]. Annales de l'Institut henri poincaré. analyse non linéaire, (33): 809-828.

[32] GUO Y J, ZENG X Y, ZHOU H S, 2017. Blow-up solutions for two coupled Gross-Pitaevskii equations with attractive interactions[J]. Discrete and continuous dynamical systems, (37): 3749-3786.

[33] GUO Y J, ZENG X Y, ZHOU H S, 2018. Blow-up behavior of ground states for a nonlinear Schrödinger system with attractive and repulsive interactions[J]. Journal of differential equations, (264): 1411-1441.

[34] GUO Y J, ZENG X Y, WANG Z Q, et al., 2018. Propeties of ground states of attractive Gross-Pitaevskii equations with multi-well potentials[J]. Nonlinearity, (31): 957-979.

[35] HAN Q, LIN F H, 2011. Elliptic Partial Differential Equations[M]. 2nd ed. New York: American Mathematical Society.

[36] HE X M, ZOU W M, 2012. Existence and concentration behavior of positive solutions for a Kirchhoff equation in $\mathbb{R}^3$[J]. Journal of differential equations, (252): 1813-1834.

[37] HE Y, LI G B, 2015. Standing waves for a class of Kirchhoff type problems in $\mathbb{R}^3$ involving critical Sobolev exponents[J]. Calculus of variations and partial differential equations, (54): 3067-3106.

[38] HE Y, LI G B, PENG S J, 2014. Concentrating bound states for Kirchhoff type problems in $\mathbb{R}^3$ involving critical Sobolev exponents[J]. Advanced nonlinear studies, (14): 483-510.

[39] HU T X, TANG C L, 2021. Limiting behavior and local uniqueness of normalized solutions for mass critical Kirchhoff equations[J]. Calculus of variations and partial differential equations, (60): 210.

[40] JIN J H, WU X, 2010. Infinitely many radial solutions for Kirchhoff-type problems in $\mathbb{R}^N$[J]. Journal of mathematical analysis and applications, (369): 564-574.

[41] KAVIAN O, WEISSLER F B, 1994. Self-similar solutions of the pseudo-conformally invariant nonlinear Schrödinger equation[J]. The michigan mathematical journal, (41): 151-173.

[42] KIRCHHOFF G, 1883. Mechanik[M]. Leipzig:Teubner.

[43] KRASNOSEL'SKII M A , ZABREIKO P P, 1984. Geometrical methods of nonlinear analysis[M]. Berlin: Springer-Verlag.

[44] KWONG M K, 1989. Uniqueness of positive solutions of $\triangle u - u + u^p = 0$ in $\mathbb{R}^N$[J]. Archive for rational mechanics and analysis, (105): 243-266.

[45] LI G B, LUO P, PENG S J, et al., 2020. A singularly perturbed Kirchhoff problem revisited[J]. Journal of differential equations, (268): 541-589.

[46] LI G B, YE H Y, 2014. Existence of positive ground state solutions for the nonlinear Kirchhoff type equations in $\mathbb{R}^3$[J]. Journal of differential equations, (257): 566-600.

[47] LI G B, YE H Y, 2019. On the concentration phenomenon of L^2-subcritical constrained minimizers for a class of Kirchhoff equations with potentials[J]. Journal of differential equations, (266): 7101-7123.

[48] LI L, ZHONG X, 2016. Infinitely many small solutions for the Kirchhoff equation with local sublinear nonlinearities[J]. Journal of mathematical analysis and applications, (435): 955-967.

[49] LI S, XIANG J L, ZENG X Y, 2016. Ground states of nonlinear Choquard equations with multi-well potentials[J]. Journal of mathematical physics, (57): 081515.

[50] LI Y, NI W M, 1993. Radial symmetric of positive solutions of nonlinear elliptic equations in $\mathbb{R}^N$[J]. Communications in partial differential equations, (18): 1043-1054.

[51] LIONS J L, 1978. On some questions in boundary value problems of mathematical physics[J]. North-Holland mathematics studies, (30): 284-346.

[52] LIONS P L, 1984. The concentration-compactness principle in the caclulus of variations. The locally compact case, part 1[J]. Annales de l'Institut henri poincaré. analyse non linéaire, (1): 109-145.

[53] LIONS P L, 1984. The concentration-compactness principle in the caclulus of variations. The locally compact case, part 2[J]. Ann. Inst. H. Poincaré Anal. Non Linéaire, (1): 223-283.

[54] LIU Z S, GUO S J, 2015. Existence of positive ground state solutions for Kirchhoff type problems[J]. Nonlinear analysis. theory, methods applications, (120): 1-13.

[55] LUO X, WANG Q F, 2017. Existence and asymptotic behavior of high energy normalized solutions for the Kirchhoff type equations in $\mathbb{R}^3$[J]. Nonlinear analysis. real world applications, (33): 19-32.

[56] MAO A M, ZHANG Z T, 2009. Sign changing and multiple solutions of Kirchhoff type priblems without the P.S. condition[J]. Nonlinear analysis theory, methods applications, (70): 1275-1287.

[57] MCLEOD K, SERRIN J, 1981. Uniqueness of solutions of semilinear Poisson equations[J]. Proceedings of the national academy of sciences of the united states of america, (78): 6592-6595.

[58] MORSE A P, 1939. The behavior of a function on its critical set[J]. Annals of mathematics, (40): 62-70.

[59] NI W M, TAKAGI I, 1991. On the shape of least-energy solutions to a semilinear Neumann problem[J]. Communications on pure and applied mathematics, (44): 819-851.

[60] NIE J J, WU X, 2012. Existence and multiplicity of non-trivial solutions for Schrödinger-Kirchhoff-type equations with radial potential[J]. Nonlinear analysis theory, methods applications, (75): 3470-3479.

[61] OH Y G, 1990. On positive multi-lump bound states of nonlinear schrödinger equations under multiple well potential[J]. Communications in mathematical physics, (131): 223-253.

[62] PERERA K, ZHANG Z T, 2006. Nontrivial solutions of Kirchhoff-type problems via the Yang index[J]. Journal of differential equations, (221): 246-255.

[63] PITAEVSKII L, STRINGARI S, 2003. Bose-Einstein condensation[M]. Oxford : Oxford University Press.

[64] POHOŽAEV S I, 1975. On a class of quasilinear hyperbolic equations[J]. Matematicheskiĭ sbornikMat, (138): 152-166.

[65] REED M, SIMON B, 1978. Methods of Modern Mathematical Physics[M]. New York: Academic Press.

[66] SCHECHTER M, 1991. A variation of the mountain pass lemma and applications[J]. Journal of the london mathematical society, (2): 491-502.

[67] SHUAI W, 2015. Sign-changing solutions for a class of Kirchhoff-type problem in bounded domains[J]. Journal of differential equations, (259): 1256-1274.

[68] SUN J X, 1984. On Some Problems about Nonlinear Operators[D]. Jinan: Shandong University.

[69] TANG X H, CHENG B T, 2016. Ground state sign-changing solutions for Kirchhoff type problems in bounded domains[J]. Journal of differential equations, (261): 2384-2402.

[70] WANG L L, HAN Z Q, 2016. Multiple small solutions for Kirchhoff equation with local sublinear nonlinearities[J]. Applied mathematics letters, (59): 31-37.

[71] WEINSTEIN M I, 1983. Nonlinear Schrödinger equations and sharp interpolation estimates[J]. Communications in mathematical physics, (87): 567-576.

[72] WILLEM M, 1996. Minimax Theorems[M]. Boston: Birkhäuser Basel.

[73] WU X, 2011. Existence of nontrivoal solutions and high energy solutions for Schrödinger-Kirchhoff-type equations in $\mathbb{R}^N$[J]. Nonlinear analysis real world application, (12): 1278-1287.

[74] XIE Q L, MA S W, ZHANG X, 2016. Bound state solutions of Kirchhoff type problems with critical exponent[J]. Journal of differential equations, (261): 890-924.

[75] YANG C T, 1954. On theorems of Borsuk - Ulam, Kakutani-Yamabe-Yujobô and Dyson. II[J]. Annals of mathematics, (60): 262-282.

[76] YE H Y, 2015. The sharp existence of constrained minimizers for a class of nonlinear Kirchhoff equations[J]. Mathematical methods in the applied sciences, (38): 2663-2679.

[77] YE H Y, 2015. The existence of normalized solutions for L^2-critical constrained problems related to Kirchhoff equations[J]. Zeitschrift für angewandte mathematik und physik, (66): 1483-1497.

[78] YE H Y, 2016. The mass concentration phenomenon for L^2-critical constrained problems related to Kirchhoff equations[J]. Zeitschrift für angewandte mathematik und physik, (67): 29.

[79] ZENG X Y, 2017. Asymptotic properties of standing waves for mass subcritical nonlinear Schrödinger equations[J]. Discrete and continuous dynamical systems, (37): 1749-1762.

[80] ZENG X Y, ZHANG L, 2017. Normalized solutions for Schrödinger-Poisson-Slater equations with unbounded potentials[J]. Journal of mathematical analysis and applications, (452): 47-61.

[81] ZENG X Y, ZHANG Y M, 2018. Existence and asymptotic behavior for the ground state of quasilinear elliptic equation[J]. Advanced nonlinear studies, (18): 725-744.

[82] ZENG X Y, ZHANG Y M, 2017. Existence and uniqueness of normalized solutions for the Kirchhoff equation[J]. Applied mathematics letters, (74): 52-59.

[83] ZHANG J, 2000. Stability of attractive Bose-Einstein condensates[J]. Journal of statistical physics, (101): 731-746.

[84] ZHANG Z T, PERERA K, 2006. Sign changing solutions of Kirchhoff type problems via invariant sets of descent flow[J]. Journal of mathematical analysis and applications, (317): 456-463.